이 고비를 넘겨라

영어, 이 고비를 넘겨라 : 문장 구조 분석

초판 1쇄 펴냄 2017년 9월 13일
2쇄 펴냄 2021년 5월 20일

지은이 김경준
그린이 키몽

펴낸이 고영은 박미숙
펴낸곳 뜨인돌출판(주) | 출판등록 1994.10.11(제406-251002011000185호)
주소 10881 경기도 파주시 회동길 337-9
홈페이지 www.ddstone.com | 블로그 blog.naver.com/ddstone1994
페이스북 www.facebook.com/ddstone1994
대표전화 02-337-5252 | 팩스 031-947-5868

ISBN 978-89-5807-662-9 04420
ISBN 978-89-5807-615-5 (세트)

어린이제품안전특별법에 의한 제품표시
제조자명 뜨인돌출판(주) **제조국명** 대한민국 **사용연령** 만 10세 이상

김경준 글 | 키몽 그림

뜨인돌

머리말

여러분 안녕하세요!

이 책을 읽게 된 독자 여러분을 환영합니다.

이 책 한 권을 시작하기에 앞서 '언어 학습자(Language Learner)'로서 제가 언어 공부에 흥미를 느끼게 된 계기를 여러분과 함께 나누고자 합니다.

고등학교 때 독일어 선생님께로부터 인상적인 이야기를 들은 적이 있습니다.

"언어를 배우는 것은 인생의 집에 창문을 내는 것과 같습니다.
한국어를 한다는 것은 동쪽으로 창문을 낸 것과 같고,
영어를 한다는 것은 서쪽으로 창문을 낸 것과 같고,
독일어를 한다는 것은 천장에 창문을 낸 것과 같습니다.
여러분의 인생의 집에 새로운 풍경을 보는 창을 낸다고 생각하며
언어를 배우기 바랍니다."

저는 아직까지도 그 순간의 설렘을 잊을 수가 없습니다. 천장에 창문을 내고 밤의 달과 별을 볼 수 있다니요!

그리고 많은 시간이 흐른 지금, 배운 언어들을 통해 뜨는 해와 지는 해, 그리고 밤의 별과 달을 보며 감사하고 있답니다.

언어 학습은 삶을 보기 위한 수단이지, 목적이 아니랍니다. 언어는 더 많은 사람들, 경험들로 가는 통로 역할을 합니다. 절대로 문법 문제 하나 맞히고 틀리는 것에 좌우되는 일이 아니랍니다.

물론, 시험을 피해 갈 수 없는 여러분에게 '공부'는 피할 수 없는 숙명이지요. 하지만 실제 언어가 주는 수많은 이로운 점들을 지긋지긋한 '공부'라는 생각에 갇혀 포기하지 마세요.

이 책은 여러분이 살아갈 집에 영어라는 창을 내서 아름다운 풍경을 보기 바라는 마음에서 시작했습니다. 제가 실제 건축을 해 본 것은 아니지만, 창을 내려고 할 때 어려운 부분이 있을 거예요. 그러한 부분을 이 책에서는 '고비'로 표현을 하였습니다.

이 책을 통해 여러분이 창을 내다가 만나게 되는 고비들을 조금 더 쉽고 재미있게 넘을 수 있기를 바랍니다.

2017년 여름

김경준 드림

안녕, 나는 이고비야. 마음먹고 열심히 영어 공부를 해 보려고 하는 중딩이지.
난 사실 처음에 품사니 문장의 요소니 이런 게 정말 헷갈리고 어렵더라고. 한데 영어 문장을 분석하려면 꼭 알아야 해. 1장에서는 품사와 문장의 구성요소, 그리고 이것들로 이루어진 영어 문장의 구조를 공부하게 될 거야.

명칭

나는 고뜬희야. 고비가 영어 고비를 잘 넘을 수 있도록 도와주고 있지.
2장에선 영어 문장에서 핵심이 되는 동사에 대해 알아볼 거야. 문장의 핵심 동사가 뭔지 찾아내면 복잡해 보이는 문장도 쉽게 해석해 낼 수 있지.

핵심 동사 찾기

나는 Mrs. 콜라보 선생님이란다. 내 취미는 대화하기야. 영어 공부를 하다가 어려운 게 있으면 언제든 질문하렴. 질문이야말로 최고의 공부법이니까.
3장에선 절과 접속사를 공부할 거야. 절과 접속사 때문에 문장이 길어지는 거거든. 절과 접속사를 확실히 익혀 두면 긴 영어 문장이 나타나도 두렵지 않을 거야.

절과 접속사

저는 근육질 박사입니다. 공부의 시작은 뭐니 뭐니 해도 개념을 정확하게 아는 것입니다. 여러분이 고비를 잘 넘을 수 있도록 바르고 정확한 개념 설명을 위해 최선을 다하겠습니다.

관계사 1-기본 개념

4장과 5장에선 여러분들이 정말 어려워하는 관계사에 대해 공부할 겁니다. 이거야말로 진정한 고비죠. 이 고비를 훌쩍 넘고 나면 영어가 만만해질 겁니다. 힘내세요!

관계사 2-심화

프롤로그

스페인의 바르셀로나에는 몬주익 언덕(Montjuic Hill)이 있습니다. 요즘 학생들에게는 생소한 장소겠지만, 올림픽의 꽃이라고 할 수 있는 마라톤 경기에서 대한민국의 황영조 선수가 금메달을 딴 장소입니다. 현재 이곳에는 황영조 동상까지 세워져 있어 많은 한국인 관광객들이 찾아와 과거의 기쁨과 환희를 다시 떠올립니다.
이 몬주익 언덕이 바르셀로나 올림픽 마라톤의 마지막 고비였습니다. 여러 고비를 넘어온 선수들이 마지막으로 역주를 하는 장소였죠. 황영조 선수는 선두 다툼을 해 온 일본의 모리시타 선수를 바로 이 몬주익 언덕에서 앞서 나가기 시작합니다.

최종 승리를 가져온 고비.

황영조 선수에게는 몬주익 언덕이 바로 그 고비였습니다. 힘들지만, 잘 넘기만 한다면 영광을 가져다줄 수 있는 고비였지요.
영어를 배울 때도 우리는 고비를 넘게 됩니다. 이 책에서는 작은 언덕이기도, 큰 산이기도 한 고비들 중 다섯 고비를 골라 여러분의 역주를 응원해 봅니다.
누가 압니까, 여러분이 고비들을 모두 넘었을 때, 상상치 못한 기쁨을 만나게 될지.

This is gongbu time..!

#01 명칭

일단 영어 공부를 시작하려고 마음을 먹었는데…
설명할 때 쓰이는 각종 명칭들이… 내 머릿속을 흔들어 버리네…

아, 야속한 이름이여!
야속한 명칭이여!

전치사 뒤에는
명사가 오니까...
$#%&^#@
이곳은 동사의
자리가 아니고

부사와 함께
$%#슈비두바

야 일어나! 수업 시간에
어쩜 너는 잠을 잘 수 있니?

영어 문장 중간에 외계어가
들어가 있어서 머리가 멈춰.
한국어인데 왜 못 알아듣겠지?

고비! 질문 있나요?
새로운 질문은
언제나 환영해요!

음... 해석할 때 사용하는 명칭들이
무슨 의미인가 생각하다 보면
문장이 안 들어오고 잠신만 들어와요.
동명사, 전치사, 하나하나 생각하면 머리가
뽀개져요... 아아...

혹시 여러분, 고비와 같은 고민을 하고 있지는 않나요? 영어에 등장하는 명칭들이 헷갈려서 문장 구조를 설명하는 선생님의 말씀을 도무지 이해할 수 없는 경우 말이죠. 고비와 같은 친구들을 위해, 문장 구조를 파악하기 전에 헷갈리는 명칭들을 먼저 정리해 보려고 해요.

문장 구조를 설명할 때 문장 속 단어들을 부르는 명칭이 있어요.

모든 단어들을 8가지로 분류해서 부를 수 있으며, 전문용어로는 '8품사'라고 합니다.

이 8개의 명칭을 잘 모르면 문장 전체를 이해할 때 어려움을 느낄 수 있어요.

이 장에서는 문장을 이루는 단어들이 8가지로 어떻게 분류되는지, 명칭은 뭔지, 각각은 어떤 특징을 갖고 있는지 알아보며 문장 구조 분석의 고지를 향해 거침없이 나아가 보기로 하겠습니다.

01 8품사

영어 단어들은 성질에 따라 8가지로 분류됩니다.

그에 따라 이들을 부르는 8가지 명칭이 있지요. 각 명칭은 문장을 설명할 때 꼭 등장하기 때문에, 영어 학습자들은 반드시 알고 이해해야 합니다.

꿀팁!

'Octo'는 '8'이라는 숫자를 가리키는 라틴어에서 파생한 영어 어근입니다. 다리가 8개인 문어를 'Octopus'라고 하죠. 8각형은 영어로 'Octagon'이라고 하고요. 그렇다면 'October'는 왜 8월이 아니고 10월일까요? 고대 로마 달력은 1년을 10개월로 나눴다고 해요. 'October'는 8번째 달을 의미했었죠. 한데 12개월 체계가 되면서 1, 2월이 껴드는 바람에 8번째 달이었던 'October'가 현재의 10월이 되었다고 합니다.

이름. 사람과 사물을 부를 때 사용하는 모든 단어. 모든 사람과 사물이 하나씩 갖고 있죠!

예: window, bed, chair, flower, strawberry, Gobi(무슨 단어인가 하셨죠? 이 책의 주인공인 고비의 영어 이름입니다) 등등

이름을 대신해서 부르는 단어. 우리말의 '나, 너, 이거, 저거'처럼 이름을 '대신'하는 영어 단어들입니다.

예: it, this, that, these, those, he, she, we, they 등등

동작 또는 상태를 서술하는 단어. 우리말의 '~(이)다', '~(하)다'에 해당하는 단어들입니다.

예: be 동사, go, eat, fish, love, say, stay, remain 등등

성질 및 상태 등을 나타내며, 명사를 꾸며 주거나 주어·목적어를 보충해 주는 단어. 뒤에 명사를 붙여 보면 형용사인지 아닌지 확실해지겠죠? '빨간~ 장미' '빠른~ 사슴' '이상한~ 이상해 씨'처럼요. '빨간, 빠른, 이상한'을 형용사로 분류합니다.

예: kind, slow, true, short, long, tall, heavy, various, strange 등등

명사를 제외한 나머지(동사, 형용사, 부사 등)를 꾸며 주는 단어. 형용사와 부사는 둘 다 꾸미는 역할을 합니다. '명사만'을 꾸며 주는 형용사와는 달리, 부사는 명사를 뺀

나머지 것들(심지어 문장 전체까지)을 꾸며 준다는 것을 쏙 기억해요!
'친절하게 대답하다' '천천히 걷다'에서 '친절하게, 천천히'가 부사가 되겠죠!

예: kindly, slowly, truly, heavily 등등

혼자 쓰이지 않으며 뒤에 오는 단어와 연결되어 하나의 의미를 만드는 단어. '~로', '~에', '~로부터' 같은 의미를 가진 단어들이에요.

예: of, in, out, at, to, from 등등

단어, 구, 절을 연결시켜 주는 단어. 앞의 구절과 뒤의 구절을 연결하며 둘의 관계를 보여 주기도 하죠. '밥과 빵' '배가 불렀지만, 먹었다'(반전) '배가 고팠기 때문에 먹었다'(이유)처럼요.

예: and, but, or, so, because, when, if, whether 등등

느낌이나 감정을 표현해 주는 단어. 입에서 튀어나오는 감탄사~ 느낌 그대로!

예: Wow! Oh! Yeah!

주어진 각 단어들을 품사에 맞게 분류해서 문어 다리와 연결시켜 보자.

time, he, grow, but, mysterious, in, diligence, will,

there, hope, fast, am, while, brave, life, always, whether,

dinner, I, friend, from, confidence, hardly, contagious,

because, serve, oops, on, efficient

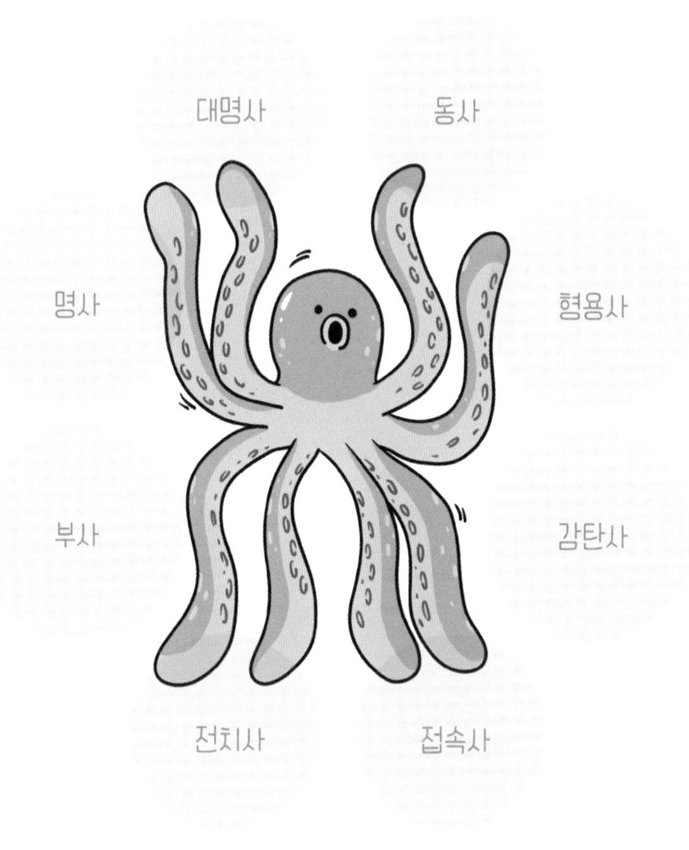

- **명사 :** time(시간), diligence(근면, 성실), will(의지), hope(소망), life(삶), dinner(저녁 식사), friend(친구), confidence(자신감)
- **대명사 :** he(그), I(나)
- **동사 :** grow(자라다), will(~할 것이다, 조동사), hope(소망하다), am(나는 ~이다), serve(제공하다)
- **형용사 :** mysterious(신비한, 기이한), fast(빠른), brave(용감한), contagious(전염되는), efficient(효율적인)
- **부사 :** there(거기에), fast(빠르게), always(언제나), hardly(거의 … 아니다)
- **전치사 :** in(~에, ~안에), from(~에서, ~부터), on(~에)
- **접속사 :** but(그러나), while(~하는 동안), whether(~인지 아닌지), because(~ 때문에)
- **감탄사 :** oops

will 명사, 동사(명사와 동사의 모양이 같은 경우)

Where there's a will, there's a way. (뜻이 있는 곳에 길이 있다.) ← 명사로 쓰임

It will soon be New Year. (곧 새해가 된다.) ← 동사로 쓰임

hope 명사, 동사(명사와 동사의 모양이 같은 경우)

This chance is his last hope! (이번 기회가 그에겐 마지막 희망이야!) ← 명사로 쓰임

I hope you like the food here. (당신이 이곳 음식을 좋아하시길 바라요.) ← 동사로 쓰임

fast 형용사이자 부사로 쓰임

Gobi is a fast runner. (고비는 빠른 주자이다.) ← 형용사로 쓰임

The taxi driver drove his car too fast. (택시 운전사가 너무 빨리 차를 몰았어요.)
← 부사로 쓰임('몰았어요'라는 동사를 수식하였으니 부사)

will, hope와 fast의 경우, 겉으로 봤을 때는 똑같이 생겼지만 한 단어가 두 가지 품사가 될 수 있기 때문에 두 개의 다리와 연결시킬 수 있답니다.

"Mrs. 콜라보! 이제 문어를 보면 8품사가 생각날 것 같아요. 8개의 이 많은 다리들."

"그래~ 먹지만 말고, 문어 먹을 때마다 8품사도 생각해 보라고!"

"넵. 편하게 먹을 수 있을지는 모르겠네요. 음… 그러나 타코야키를 먹을 땐 잘 기억날 거 같아요. 제가 타코야키를 좋아하거든요."

"뜬희랑 같이 한번 먹으러 가자. 8품사와 타코야키라… 느낌 있는데?"

고비 칭찬해~

문장의 구성요소

뜬희야, 8품사는 이해가 가는데, 그럼 주어, 목적어 이런 건 뭐야?

고비야, 너 진짜 이번에 영어를 제대로 하려나 보구나. 주어, 목적어, 보어, 서술어 이 이름들도 꼭 알아 둬야 수업 들을 때 어렵지 않을 거야. 결국 구조 분석할 때 다 나오는 명칭들이거든.

그러니까 그게 뭔지 빨리 알려 달라고.

고비야~ 넌 집에서 어떤 역할을 하고 있어?

뜬금없이 무슨 소리야.

일단 대답해 봐. 고비, 네가 학교나 집에서 하는 역할이 있을 거 아냐.

학교에선 의리가 으리으리한 멋진 친구지. 근데 집에서는 성적이 밑바닥을 깔고 있어서 가족들에게 온갖 구박과 수모를 당하고 있는 신데렐라랄까.

그렇군. 같은 너인데도 장소에 따라 다른 역할을 하고 있구나. 마찬가지로 한 단어인데도, 문장에서 하는 역할에 따라 주어 혹은 목적어로 다르게 부를 수 있어. 요렇게 문장에서 어떤 역할을 하는 걸 문장의 구성요소라고 하지.

음 뭔가 알 듯 말 듯 한데….

고비가 궁금해하는 용어인 주어, 목적어. 보어….
여러분도 궁금하죠?
명사는 뭐고 주어는 뭘까?
각각의 명칭은 도대체 언제 쓰는 것일까?

품사가 단어 그 자체라면 '주어, 서술어, 목적어, 보어' 같은 문장의 구성요소는 그 단어(혹은 구 또는 절)의 문장 속 역할을 말하는 겁니다.

예를 들어 보도록 할게요.

The taxi ① driver helped the other ② driver to find his direction.
택시 운전사는 다른 운전사가 길을 찾도록 도와주었다.

여기서 등장하는 ① driver ② driver는 품사가 '명사'입니다.
'운전사'라는 이름이기에 명사인 것이죠.
그런데 문장 속에서의 역할은 다릅니다.
명사 ① driver는 문장 속에서 주어 역할을 하고 있습니다.
동일한 명사 ② driver는 문장 속에서 목적어 역할을 합니다.

하나의 문장은 단어들이 문장 속에서 각자의 역할을 하며 순서대로 배열됩니다. 주어로 시작하여 그다음 서술어, 목적어, 보어 등의 역할을 하는 단어들이 차례로 따라 나오며 문장의 구조를 만드는 것입니다.

문장의 구조를 기차로 생각해 볼까요.

기차의 머리 칸이 일단 필요하겠죠.

문장의 머리 역할! 바로 주어입니다.

머리를 따르는 두 번째 문장 요소, 두 번째 칸 역할을 하는 것을 서술어라고 합니다.

그 뒤에 목적어나 보어가 따라오게 되는데, 이 네 가지 요소를 문장의 필수 구성요소라고 합니다.

서술어의 성질에 따라 그 뒤에 목적어가 올지, 보어가 올지, 아무것도 안 나와도 될지, 또는 목적어와 보어가 둘 다 나와야 될지 결정됩니다. 서술어에 따라 문장 구조가 달라지니 문장 속의 서술어는 어마어마하게 중요합니다!

문장의 필수 구성요소를 자세히 살펴볼까요.

1) 주어

주어란 문장의 주체(=동사의 주체)입니다.

누가/무엇이 그 동작을 하는가에 대한 답을 찾으면 그것이 바로 주어입니다.

품사 중 명사와 대명사가 이 자리에 들어갈 수 있습니다.

우리말 예시 문장들을 통해 주어의 개념을 익히고, 영어 문장들 속에서 주어 찾기 연습을 해 볼까요.

① 나는 간다.
② 학교에 가라.
③ 뜬희는 언제 갔니?
④ 고비가 드디어 갔구나!

위 문장들에서는 ① 나는, ③ 뜬희는, ④ 고비가가 각 문장의 주어입니다. 그렇다면 ②번 문장의 주어는 무엇일까요? 주어가 없는 것일까요?

주어가 없는 문장은 없습니다. 생략되었을 뿐이에요.

"학교에 가라"고 명령하고 있는 문장인데요. '가라'라는 동작을 하는 주체가 주어가 됩니다. 즉, 학교에 가라고 명령을 '듣는 이'가 문장의 주어가 되는 것입니다.

(너는)　학교에 가라.

(영희는) 학교에 가라.

요렇게 괄호 안에 주어가 숨어 있는 거죠.

우리는 모르지만 듣는 사람은 자기에게 하는 얘기인지 알잖아요. 그래서 생략하는 거랍니다.

이처럼 모든 문장에는 주어가 있습니다.

연습문제 다음 문장에서 **주어**를 찾아보자.

① **He quit.**	그는 그만두었다.
② **Sharon loves ice-cream.**	섀런은 아이스크림을 사랑한다.
③ **He likes watching movies.**	그는 영화 보는 것을 좋아한다.
④ **Mom cooks in the kitchen.**	엄마가 부엌에서 요리하신다.
⑤ **I read books in the evening.**	나는 저녁에 책을 읽는다.
⑥ **My brother went to the zoo.**	내 남동생(또는 형)은 동물원에 갔다.

① He ② Sharon ③ He ④ Mom ⑤ I ⑥ My brother

2) 서술어

우리말 예시를 통해 이번에는 서술어의 개념을 익히고, 영어 문장으로 서술어 찾기 연습을 해 볼까요?

① 나는 간다.
② 학교에 가라.
③ 뜬희는 언제 갔니?
④ 고비가 드디어 갔구나!

위에서 보는 것과 같이 평서문이든, 명령문이든, 의문문이든, 감탄문이든 모든 문장이 공통적으로 가지고 있는 '가다'라는 동작을 표현하는 부분이 바로 문장의 서술어입니다.

① 간다, ② 가라, ③ 갔니, ④ 갔구나이죠.

동작, 또는 상태를 표현하는 부분으로 문장의 핵심 요소라고 볼 수 있습니다. 동작 또는 상태라고요? 여러분! 생각나는 품사가 있죠?

네, 바로 동사입니다.

품사 '동사'에 해당하는 단어들이 '서술어'의 자리에 들어갈 수 있습니다.

품사 중 서술어 자리에는 동사만이 들어갈 수 있기 때문에 '서술어=동사'라고 여겨도 괜찮습니다. 괜찮아요. '서술어'의 다른 이름이 문장의 '동사'입니다. 헷갈리지 않기를! 제발~.

다음 문장에서 **서술어(=동사)**를 찾아보자.

① **I leave now.**	나는 지금 떠난다.
② **You go to school.**	너는 학교에 간다.
③ **He loves to go fishing.**	그는 낚시하러 가는 것을 사랑한다.(좋아한다)
④ **Finally she went to the hospital.**	결국 그녀는 병원에 갔다.
⑤ **When did David go to the concert?**	언제 데이비드가 콘서트장에 갔니?

① leave ② go ③ loves ④ went ⑤ go

③번의 to + go는 to 부정사로서 문장의 목적어 역할을 하고 있음.
⑤번의 did는 의문문을 만들기 위해 do 동사의 과거형 did가 의문사 when과 함께 앞으로 나온 것임.
이 문장의 서술어가 아님.

그녀는 예쁘다.
이런 문장이 있어요. 여기서 주어는 '그녀는'이고 서술어는 '예쁘다'이죠? 한데 영어 문장에서 예쁘다의 품사는 동사가 아니라 형용사죠.
그녀는 예쁘다. 이 문장을 영어로 볼까요? She is pretty.
영어에서는 주어가 She가 맞지만 서술어는 is이지요. 우리말과 영어는 다르답니다.
그러니까 '서술어=동사'는 영어에만 해당됩니다.

3) 목적어

자, 이번엔 목적어 차례입니다.

목적어는 우리나라 문법에서는 동사의 목적이 되는 행위를 표현하거나 목표물을 지칭하죠. 우리말로는 '~을, ~를'로 끝납니다.

① 책을 읽고 싶어.
② 난 밥 먹는 것을 좋아해.
③ 손을 드세요.
④ 이 고비를 넘으세요.

'을, 를'이 붙은 ① 책을, ② 밥 먹는 것을, ③ 손을, ④ 이 고비를, 요게 각 문장의 목적어입니다.

영어에서도 마찬가지로 동사 뒤에 나와서 동사의 목적이 되는 행위를 표현하거나 목표물을 지칭합니다. 주로 '~을, ~를(~이, ~가)'로 해석되는 단어를 그 문장의 목적어라고 합니다.

품사 중, 명사와 대명사가 이 자리에 들어갈 수 있습니다.

다음 문장에서 **목적어**를 찾아보자.

① I need you.	나는 너를 필요로 한다.
② You drink coffee.	너는 커피를 마신다.
③ My sister has some homework.	내 누나(또는 여동생)는 약간의 숙제를 갖고 있다.
④ Naomi wanted to have a pet dog.	나오미는 애완견을 갖기를 원했다.
⑤ He didn't call a doctor.	그는 의사를 부르지 않았다.

① you ② coffee ③ some homework ④ to have a pet dog('to+V' 형태도 문장 속에서 목적어 역할을 할 수 있다.) ⑤ a doctor

4) 보어

문장의 마지막 필수 구성요소인 보어입니다. 한번 볼까요?

① 너는 학생이야.
② 저 고양이는 눈을 감고 있네.
③ 나는 그가 길을 찾도록 도와줬다.

보어는 문장 속에서 의미를 보충해 주는 역할을 하고 있습니다. 보충해 주는 역할이라고 얕보아서는 안 됩니다. 보어가 꼭 있어야 할 자리에 없으면, 문장 구조에서 필수 요소가 빠져 버리게 되니까요. 문장에 구멍이 뚫려 버려 공허해지게 되는 거죠.

거울 속의 내 모습은 텅빈 것처럼 공어회

예시를 통해 보어가 없으면 왜 문장에 구멍이 나는지 함께 살펴보겠습니다.

위의 예시 문장들에서는 ② 감고, ③ 찾도록. 요게 보어입니다. 왜냐고요? ②번 '감고'는 고양이가 어떤 상태로 있는지를 설명해 주니까요. 혹시 서술어가 아니냐고요? 아닙니다. 서술어는 '있네'입니다. '있네'만 있으니까 어떻게 있는지를 모르잖아요. 그래서 보어가 들어가서 '감고',

이렇게 보충을 해 준 겁니다.

③번 '(길을) 찾도록' 부분도 그가 무얼 하도록 도왔는지를 보충해 주기 때문에 보어입니다.

그럼 ①번 문장은 보어가 없을까요? 있습니다.

'너는'은 주어이고 '학생이야'는 서술어입니다. 하지만 영어 문법에서 보면 '학생'이 바로 보어입니다. 너가 누구인지를 보충해 주기 때문입니다.

보어가 없는 문장을 상상해 보면 이해가 더 쉬울 것 같네요.

'너는 ~~이야' '저 고양이는 눈을 ~~있네' '나는 그가 길을 ~~ 도와줬다'.

문장 구조가 미완성 상태이며, 문장의 의미도 이해할 수 없죠?

이것이 바로 문장의 필수 구성요소인 '보어'의 존재감입니다.

8품사 단어 중에는 명사와 대명사, 또는 형용사가 보어의 역할을 할 수 있습니다.

연습문제 다음 문장에서 **보어**를 찾아보자.

① **I am a boy.**	나는 소년이다.
② **You became a writer.**	당신은 작가가 되었다.
③ **The door remained open.**	문이 열린 채로 남아 있었다.
④ **Flowers smell good.**	꽃들은 좋은 향을 풍긴다.
⑤ **Don't be shy.**	부끄러워 마.

① a boy ② a writer ③ open ④ good ⑤ shy

"Mrs. 콜라보, 왜 우리말 문법과 영어 문법이 다른가요? 헷갈리게."

"그건 우리말과 영어가 생긴 모습도 다르고 문장 구조가 다르기 때문이지."

5) 문장의 구성요소와 문장 구조

지금까지 배운 문장의 네 가지 구성요소를 배열하면 문장의 구조가 만들어지게 됩니다. 문장의 골격, 즉 뼈대가 필수 구성요소를 배열함으로써 생기게 되는 것입니다.

그러면 이 구성요소들은 어떻게 배열이 되는 것일까요?

그 해답은 서술어 역할을 하는 '동사'에 달려 있습니다.

어떤 동사가 서술어 자리에 오느냐에 따라서

① 보어나 목적어를 필요로 하지 않을 수 있다.

② 보어만 가지고 올 수 있다.

③ 목적어를 하나 가져올 수 있다.

④ 목적어 두 개(간접목적어, 직접목적어)를 가져올 수 있다.

⑤ 목적어와 보어를 함께 가지고 올 수 있다.

이것은 '동사'가 결정하게 됩니다. 동사에 따라 문장의 구조가 결정되는 거죠. 각각의 경우를 예문을 통해 알아볼게요.

어떤 동사가 나오는지에 따라,

① 보어나 목적어를 필요로 하지 않을 수 있다.

Superman returns. 슈퍼맨이 돌아온다.

✓ return이라는 동사는 동사 뒤에 보어나 목적어가 필요 없습니다.

② 보어만 가지고 올 수 있다.

She became a supermom. 그녀는 초인적인 어머니가 되었다.

- become은 뒤에 보어가 꼭 필요한 동사입니다. 문장이 become으로 끝난다면 이상하겠죠? '그녀는 되다' 뭐 이렇게 될 테니까요. 그래서 꼬옥 보어를 데리고 옵니다.

③ 목적어를 하나 가져올 수 있다.

I need a superman. 나는 슈퍼맨을 필요로 한다.(나는 슈퍼맨이 필요하다)

- need는 뒤에 목적어 하나를 항상 데리고 오는 동사입니다.

④ 목적어 두 개(간접목적어, 직접목적어)를 가져올 수 있다.

Superman gave <u>me</u> <u>a house</u>! 슈퍼맨이 내게 집을 주었다!

간접목적어 직접목적어

- give는 목적어를 두 개 가지고 올 수 있는 동사입니다.

⑤ 목적어와 보어를 함께 가지고 올 수 있다.

People call him 'superman'. 사람들은 그를 '슈퍼맨'이라고 부른다.

- call은 목적어와 목적어를 보충하는 목적보어를 데리고 오는 동사입니다.

"잠깐, 잠깐, 잠깐…."

"왜 고비야?"

"주어, 서술어, 목적어, 보어까지는 접수!"

"근데 뭐가 문제야~?"

"간접목적어, 직접목적어, 목적보어라는 새로운 용어 등장…."

"아하! 그럼 그것도 자세히 알아볼까."

동사 뒤에 대명사나 명사 두 개가 바로 연결되어 나올 때가 있습니다.

예를 들어 볼게요.

① **Show me your face.** 나에게 너의 얼굴을 보여 줘.

② **Call me your friend.** 나를 너의 친구라고 불러 줘.

동사 Show와 Call 뒤에 두 단어가 나온다는 구조는 동일합니다.

동사 뒤의 ① me와 ② me는 전부 목적어입니다.

그러나 ① your face, ② your friend는 문장 속 역할이 각각 다릅니다.

해석이 차이점을 말해 주죠.

① 나에게 너의 얼굴을 보여 줘. → 나≠너의 얼굴(또 다른 목적어)

② 나를 너의 친구라고 불러 줘. → 나=너의 친구

(목적어를 보충하는 목적보어)

① your face는 '얼굴을'이라고 해석되는 문장 속의 목적어입니다.

② your friend는 목적어인 me를 보충해 주는 목적보어입니다.

Show는 '~에게(간접목적어), ~을(를)(직접목적어) 보여 주다'라는 의미를 가진, 목적어를 2개 가져올 수 있는 동사입니다. 이때 '~에게'라고 해석되는 목적어는 간접목적어이고 '~을(를)'이라고 해석되는 목적어는 직접목적어입니다.

동사 Call은 목적어와 목적어를 보충하는 목적보어를 가지고 올 수 있는 동사입니다.

동사에 따라 뒤에 나올 수 있는 요소들이 달라지며 간접목적어, 직접목적어, 목적보어는 문장 속에서 구분할 수 있습니다.

앞에서 동사에 따라 나올 수 있는 다섯 가지 문장 구조를 살펴봤습니다. 이를 영어 문장의 5가지 형식이라고 합니다.

각 형식에 맞는 예문을 한 번 더 살펴보며 문장 구조를 복습해 볼까요.

1형식 문장 구조(주어+서술어)

He quit. 그는 그만두었다.

✓ 이 문장의 동사 'quit'은 보어나 목적어를 필요로 하지 않습니다.

2형식 문장 구조(주어+서술어+보어)

I am a boy. 나는 소년이다.

✓ 동사 'am'은 'a boy'와 같은 보어를 꼭 필요로 합니다.

3형식 문장 구조(주어+서술어+목적어)

Sharon loves ice-cream. 섀런은 아이스크림을 사랑한다.

✓ 동사 'love'는 'ice-cream'과 같은 목적어가 필요합니다.

4형식 문장 구조(주어+서술어+간접목적어+직접목적어)

She gave me a watch. 그녀는 내게 시계를 주었다.

✓ 동사 'give'는 간접목적어(me), 직접목적어(a watch)를 뒤에 가지고 오는 동사입니다.

5형식 문장 구조(주어+서술어+목적어+목적보어)

He considers himself an expert on the subject.

그는 자신을 그 주제에 있어서 전문가라고 여긴다.

✓ 동사 'consider'는 'himself'라는 목적어와 'an expert'라는 목적보어를 취할 수 있습니다.
himself = an expert의 관계이기 때문에, 문장 속에서 목적어와 목적보어로 쓰였음을 알 수 있습니다.

명칭도 확실하게 알아 두고, 이들로 인해 만들어지는 문장 구조도 확실하게 익혀 두자고용~.

Mrs. 콜라보 Time!

지금까지 문장의 필수 구성요소들과 이들이 만드는 다섯 가지 문장 형식을 배웠어. 영어 문장의 가장 기본이 되는 구조이지. 한데 얘기 안 하면 섭섭할 문장 구조가 생각이 나서 급히 Mrs. 콜라보 Time!을 외쳤어.
너희들,

- **You are here.** 너는 이곳에 있다.

이 문장의 here은 품사와 역할이 무엇일까?
here의 품사는 부사야.(앞에서 부사 문어 다리에 붙였던 'there'처럼!)
그리고 이 문장에서의 역할은 보어지. here 없는 문장을 생각해 볼까.
You are…. 뭐지? 문장이 완성되지 않네.

부사(문장의 필수요소가 아닌 것)가 문장의 필수요소(보어)가 되어 버리다니…. 이러기 있다? 없다?? 있네. (쩜쩜쩜)
우리가 첫 번째 고비에서 배운 영어 문장의 가장 기본적인 틀, 5형식 외에 다른 구조도 나올 수 있단다.

- **I am in my room.** 나는 내 방에 있다.
- **Gobi puts his book in Suji's bag.** 고비는 수지의 가방에 그의 책을 집어넣는다.

위 문장들도 마찬가지로 'in my room'(전치사구), 'in Suji's bag'(전치사구) 없이 문장을 보게 되면 문장이 허전하지.
I am…
Gobi puts his book…(그의 책을 어디에 넣었단 말이지? 보충해 줄 말이 필요한데.)

이처럼 전치사구도 문장의 필수요소로 쓰이는 경우가 있단다.
5형식을 기본으로 알아 두되, 5형식이 전부는 아니라는 말씀!
언어가 참 오묘해. 그지?
지금 이 시간, 부사와 전치사구가 외치는구나.
"이 문장 주인공은 나야 나! 나야나!"

03 품사 vs. 필수 문장 요소

이 정도면 고비가 궁금해하던 명칭 정리는 되었겠지? 우리가 이제까지 배웠던 것들을 전부 모아서 한번 정리해 볼까? 정리 안 하면 또 헷갈려.

네!

네!

다 합쳐서 이름 12개를 배웠는데 품사 8개와 문장의 필수 구성요소를 가리키는 이름 4개였어.

혹, 그런데 특이한 건 품사 8개가 전부 '-사'로 끝난다는 것과 구성요소 이름은 전부 '-어'로 끝난다는 것?

소름, 소오름! 대박, 진짜 그렇네. 그렇게도 정리할 수 있겠다.

정리하기 더 쉽겠는데? 좋아! 그 12개 명칭들 사이의 관계를 그림으로 살펴봐도 좋을 것 같네. 볼까!

이 고비 안에서 배웠던 품사와 문장 구성요소, 그리고 문장 구성 형식을 그림을 보며 정리해 볼까요.

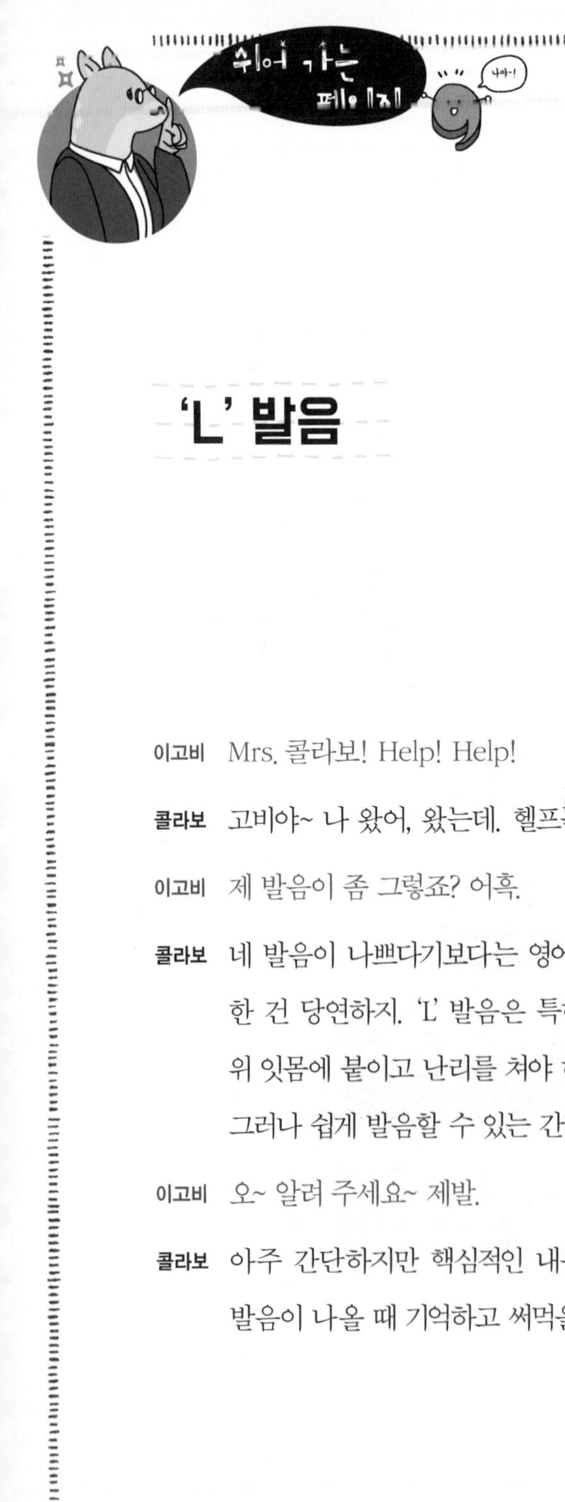

'L' 발음

이고비 Mrs. 콜라보! Help! Help!

콜라보 고비야~ 나 왔어, 왔는데. 헬프는 좀…. 너무 한국말 같은데?

이고비 제 발음이 좀 그렇죠? 어흑.

콜라보 네 발음이 나쁘다기보다는 영어 발음을 한국인이 하려니까 어색한 건 당연하지. 'L' 발음은 특히 힘들잖아. 혀를 윗니랑 가까운 위 잇몸에 붙이고 난리를 쳐야 하니까. 한국어에는 없는 그 발음! 그러나 쉽게 발음할 수 있는 간단한 팁이 있지.

이고비 오~ 알려 주세요~ 제발.

콜라보 아주 간단하지만 핵심적인 내용이니까 집중해서 들어 두렴! 요 발음이 나올 때 기억하고 써먹을 수 있게!

미국에서 우유(milk)를 사려고 했지만 결국 사지 못했다는 웃픈 이야기 많이 들어 봤지? 아무리 "밀크, 밀크" 해도 점원은 우유를 주지 않았다는 슬픈 이야기 말이야.

그런데 혜성처럼 나타난 다른 손님의 한 마디에 점원은 얼른 우유를 가져다주었다고 해. 그 한 마디는,

"미역"!

우리말 단어에 미역이 있기 때문에 그걸 떠올리면서 웃고 넘길 수 있는 에피소드만은 아니라고. 우리말 자음인 'ㄹ'에 해당될 것 같은 자음인 'L'을 마치 모음처럼 교묘하게 발음을 해서 원어민의 'L'에 가깝게 소리를 내는 거지.

milk의 'L' 발음을 한국어의 모음 'ㅗ'로 발음해 볼까.

일명 Magic 'ㅗ'라고 해 두지!(보기가 좀 그렇긴 하네….)

자, 요 단어들로 연습해 보자.

Silk(씨오크, 시옼), **Seal**(씨오), **Hill**(히오), **Bill**(비오),

Kneel(니오), **Film**(Fi옴)

This is gongbu time..!

#02 핵심 동사 찾기

핫.

문장이 왜 이렇게 길어!!

도대체 어디서 끝나는 거?

너란 아이…

하아…

이거 좀 봐봐...!
좀 복잡하게 생겼네...?
"MY FRIEND ALLOWED ME TO HAVE ONE MORE BITE."
두 둥-
보기만 해도 토나오는 문장이네...
해결을 위한 실마리가 뭐 없을까?
실마리라면 여기 있지!!
스윽-
?!
짠 - 실말입니다!
실말 (thread horse)
고비야 제발..

이 책의 제목은 '영어, 이 고비를 넘겨라 - 문장 구조 분석'이에요.

결국 이 책을 읽고 나면, 문장의 구조를 분석할 수 있게 된다는 거죠.

첫 번째 고비에서 명칭들을 살펴봤는데요. 문장 구조를 분석할 때 이 명칭들을 꼭 알아야 하기 때문에 가장 첫 번째로 다루었어요.

이제 본격적으로 문장 구조 속으로 들어가 볼까요?

문장의 구조를 결정하는 핵심! 무엇이었는지 기억나나요?

동동거리며 머릿속에 떠오르는 한 단어가 있네요!

"동사!"

첫 번째 고비에서 단어들의 명칭, 문장 속 자리의 이름들을 알아볼 때 '동사(=서술어)' 배운 것 기억하죠?

문장의 필수 구성요소 중에서도 서술어(=동사)를 유심히 봐야 했던 것도 기억날 거예요.

서술어 기차 칸 뒤에는 다양한 칸들이 올 수 있었던 것.

그림과 함께 강렬히 기억이 떠올랐으면 좋겠네요.

두 번째 고비에서 우리는 문장 구조 분석의 핵심을 배우게 될 거예요. 그것은 바로 문장 속 '핵심 동사'를 찾는 겁니다.

동사를 중심으로 주어를 찾고, 동사 뒤의 목적어, 보어 등을 찾을 수 있기 때문에 한 문장의 구조 분석에 있어서 '핵심 동사' 찾기는 가장 중요합니다.

문장의 전체 구조를 동사를 중심으로 파악하게 되는 것이죠.

자, 이제 시작할 거예요. 가슴이 쿵쾅거리며 설레죠?

뜬희와 고비를 당황하게 한 "My friend allowed me to have one more bite"라는 문장에서 핵심 동사는 과연 무엇일까요?

복잡한 수수께끼를 풀 때는 항상 단서가 필요하죠! 길고 복잡한 문장을 파악하는 데 있어서 가장 핵심적인 실마리는 바로 그 문장의 핵심 동사를 찾아내는 것입니다.

그렇다면 핵심 동사를 찾아볼까요?

My friend allowed me to have one more bite.

내 친구는 나에게 한 입 더 먹도록 허락해 주었다.

문장의 핵심 동사는 바로 allowed입니다.

주어는 allowed 앞의 My friend입니다.

목적어는 me입니다.

그 뒤에 목적보어 to have one more bite가 쓰였습니다.

동사 allowed가 목적어, 목적보어를 취할 수 있는 문장의 핵심 동사로 사용이 되었으며, 위 문장의 구조는 주어 - 동사 - 목적어 - 목적보어로 이루어져 있습니다.

5형식 문장이에요.

 Mrs. 콜라보! 목적보어로는 명사나 대명사, 형용사가 온다고 하시지 않았나요?

 그걸 또 기억하네.

 to have one more bite가 왜 목적보어인지가 궁금한 거구나?

 네~!

 to have~ 정체가 뭔가요?

to와 동사 원형이 만나 '명사'로서의 역할을 하고 있지. 이걸 to부정사의 명사적 용법이라고 하는데, 더 알고 싶으면 2권을 기다려. 핵심은 이거야. to부정사('to+V' 형태)가 명사적 용법으로 사용되면서 이 문장에서 보어 역할을 하는 거지.

자, 그럼 본격적으로 문장 속에서 핵심 동사를 어떻게 찾는지 살펴볼까요?

01 동사

1) 동사, 문장의 중심

한 문장 안에는 동사가 많을 수 있는데 그중 핵심 동사를 잘 찾아내는 게 중요합니다. 왜냐고요?

앞에서 설명했지만 다시 한 번 정리해 볼게요.

- 문장의 구조를 파악하기 위해서!
- 문장을 해석하기 위해서!
- 문장을 이해하기 위해서!

한 국가에 수도가 하나인 것처럼(아주 어쩌다가 2개인 나라도 있긴 합니다만), 문장 속의 핵심 동사도 하나랍니다. 핵심 동사를 중심으로 문장의 구조를 파악하며 각 단어의 역할을 살펴보는 것! 이것이 문장 읽기의 기본이에요.

이 기본을 갖추지 않으면 영어에 대한 막연한 두려움이 생기게 됩니다. 긴 문장을 대할 때 머릿속이 하얘지며 난감해지는 거죠. 내용 이해고, 해석이고는커녕 단어를 띄듬띄듬 이어붙이고 있는 자신을 발견하게 되는 겁니다. 생각만 해도 슬퍼지네요.

“If something or someone connects one thing to another, or if one thing connects to another, the two things are joined together.”

 고비야~ 이 문장을 함께 볼까?

 만약, 무언가, 누군가, 연결하면, 한 가지 것이… 만약 한 가지 것이 연결을, 다른 것에게… 두 개가… 함께…. 아아아아아…. 머리가 하얘진다 하얘진다….

 뜬희가 한번 해석해 볼까?

 핵심 동사를 찾는 것이 중요하다고 하셨죠? 음… connects? are joined? 동사가 여러 개네요. 분명히 한 문장이기는 한데….

 여기까지 잘했어, 뜬희! 핵심 동사를 찾아내기만 하면 반은 해결되지.

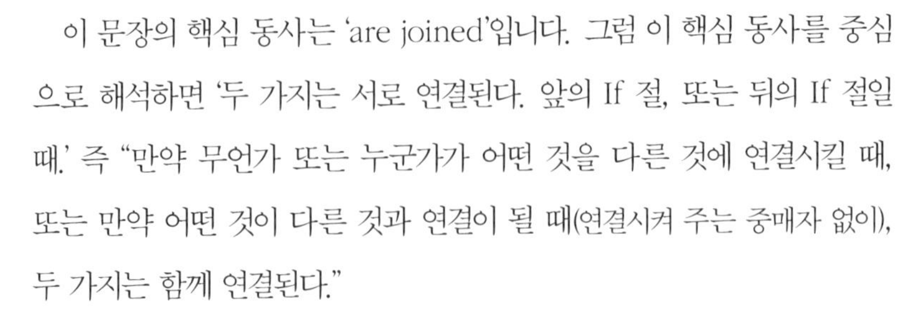

이 문장의 핵심 동사는 ‘are joined’입니다. 그럼 이 핵심 동사를 중심으로 해석하면 ‘두 가지는 서로 연결된다. 앞의 If 절, 또는 뒤의 If 절일 때.’ 즉 “만약 무언가 또는 누군가가 어떤 것을 다른 것에 연결시킬 때, 또는 만약 어떤 것이 다른 것과 연결이 될 때(연결시켜 주는 중매자 없이), 두 가지는 함께 연결된다.”

우리말도 조금 어렵지요? 하지만 핵심 동사를 찾으니 해석을 해 낼 수 있었어요. 무언가가, 또는 누군가가 연결시키든! 자기들끼리 연결되든! 두 가지가 연결된다는 의미의 문장이에요.

2) 핵심 동사를 찾아라

문장 구조 분석에서 핵심 동사 찾기가 중요하단 걸 알았다면, 이제는 찾아 나설 때입니다.

주의할 점은 동사와 비슷하게 생긴 것들을 핵심 동사로 착각하지 않는 거예요.

to+V, Ving와 같은 형태는 문장 속의 핵심 동사가 아니에요. 절대 헷갈리지 않도록 조심하세요!

연습문제 다음 문장들 속의 **핵심 동사**를 찾아보자.

① **The little girl plays with her sister.** 소녀는 언니와 논다.

② **Some students applied for that company.**
어떤 학생들은 그 회사에 지원을 했다.

③ **Every person has their own leadership style.**
모든 사람은 자신만의 리더십 스타일을 가지고 있다.

④ **Only about 25percent of the applicants are qualified for the position.** 지원자의 약 25퍼센트 정도만이 그 자리에 적합한 사람들이다.

⑤ **Young people treat the mobile phone as an essential necessity of life.** 젊은이들은 휴대 전화를 삶에서 꼭 필요한 것으로 여긴다.

⑥ **He decided to follow her advice.**
그는 그녀의 충고를 따르기로 결심했다.

⑦ **We enjoyed listening to a band music.**
우리는 밴드 음악을 듣는 것을 즐겼다.

⑧ **I usually become very hungry after the exercise session.**
나는 보통 운동 시간이 끝나면 매우 배가 고파진다.

⑨ **No one cares about the garbage thrown on the streets.**
어느 누구도 거리에 버려진 쓰레기를 신경 쓰지 않는다.

⑩ **The impact of globalization in the developing countries is huge.** 개발도상국에서 세계화의 영향은 크다.

① plays ② applied ③ has ④ are qualified ⑤ treat

⑥ decided ⑦ enjoyed ⑧ become ⑨ cares ⑩ is

- **quiz 1**
  ⑤번 문장의 mobile phone은 문장의 구성요소 중 무엇일까요?
  – 목적어

- **quiz 2**
  ⑦번 문장의 listening은 문장의 구성요소 중 무엇일까요?
  – 목적어

- **quiz 3**
  ⑧번 문장의 hungry는 문장의 구성요소 중 무엇일까요?
  – 보어

- **quiz 4**

  ⑥번 문장에서 follow는 왜 핵심 동사가 아닐까요?

  – follow 앞에는 to가 붙어 있는데 'to + 동사' 형태는 문장에서 핵심 동사 역할이 아닌 다른 역할(주어, 목적어, 보어)을 한다.

- **quiz 5**

  ⑦번 문장에서 listening은 왜 핵심 동사가 아닐까요?

  – 'Ving' 형태는 앞에 be 동사 없이는 문장의 핵심 동사로 쓰일 수 없다.

  – 'be+Ving'는 현재진행 시제로 쓰인 문장 속의 핵심 동사이다.

- **quiz 6**

  ⑩번 문장의 주어는 무엇일까요?

  – 다음 부분에서 알아보자.

 고비야, 주어 찾는 것도 만만하지 않은 것 같아.

 주어 찾기 간단하잖아! 동사의 주체가 뭔지만 찾으면 된다며. 난 위에 있는 열 문장 속 핵심 동사를 다 찾았는데! 뜬희 네가 웬일이냐, 이렇게 간단한 걸 어려워하고?

 나도 그럴 줄 알았는데 헷갈리는 문장들이 있어서 마냥 쉽지가 않네.

 뜬희야, 어떤 문장이 특히 어렵니?

 ⑩번 문장의 머리가 너무 커요.

 너처럼?

 너어!!

 자자, 진정하고. 주어를 수식하는 군더더기가 많아서 어디까지가 주어인지 헷갈리나 보구나.

주어가 긴 문장 속의 핵심 동사 찾기

1) 구와 절

① People invited to my birthday party were my colleagues.

② Anyone who likes to play tennis is encouraged to join our tennis club.

③ Whether we will finish on time depends on the situation.

위의 문장들에서 주어는 어느 것일까요?

①번은 People invited to my birth day party

②번은 Anyone who likes to play tennis

③번은 Whether we will finish on time입니다.

왜냐고요? 바로 서술어, 즉 핵심 동사 앞에 있기 때문입니다.

기차 그림 기억 나죠?

그럼 주어가 왜 이리 길어졌을까요? 그건 구와 절 때문입니다. 자세하게 한번 알아볼까요?

(1) 구

두 개 이상의 단어로 이루어져 있는 단어 덩이를 '구'라고 합니다.

그런데 아무 단어나 막 모아 놓고 구라고 할 수는 없어요. '의미'를 가진 두 개 이상의 단어여야 해요. 하지만 '구'는 주어와 서술어를 포함하고 있지 않아요.

- **on the sofa** 소파에서
- **for 6 years** 6년 동안
- **to have dinner** 저녁을 먹는 것은

(2) 절

두 개 이상의 단어로 이루어져 있는 단어 덩이입니다.

'의미'를 가진 단어 덩이여야 해요.

'구'와의 차이점은 '절'은 주어와 서술어를 포함하고 있다는 거예요.

또한 문장에서 단순히 의미를 더해 주는 '구'와는 다르게, '절'은 다양한 종류가 있으며 그에 걸맞은 다양한 역할을 하게 되죠.

- **because he lives** 그가 살아 있기 때문에 ← 주어, 서술어 있음
- **that she left early in the morning** 그녀가 아침 일찍 떠났다는 것은 ← 주어, 서술어 있음
- **Although the class is full** 수업은 정원이 찼음에도 불구하고 ← 주어, 서술어 있음

2) 긴 주어를 가진 문장

(1) 핵주어를 구가 수식하는 문장

'핵주어'란 주어를 꾸미는 말들을 걷어 내고 남은 알맹이 주어를 말하는 거예요. 구가 핵주어를 꾸며서 주어가 길어지는 경우를 살펴볼게요.

People invited to my birthday party were my colleagues.

이 문장을 분석해 볼까요. 우선 핵심 동사를 찾아야겠죠?

한 문장 속에서 동사처럼 보이는 것이 두 개가 있네요.

invited와 were인데 형태만 봐서는 바로 핵심 동사를 고를 수 없습니다.

그렇다면 어떻게 핵심 동사를 고를 수 있을까요?

동사의 '형태'를 띠었다고 해서 전부 핵심 동사는 아닙니다. 동사의 '형태'를 가진 것은 물론이고, 문장 속에서 동사의 '역할'을 해야 '문장의 핵심 동사'입니다.

'invite'는 '초대하다'라는 뜻으로 뒤에 목적어를 가져오는 동사입니다.

즉 '누구를' 초대하는지가 문장 속에 나와야 하는 거죠. 그런데 이 문장 속에서는 '누구를'에 해당하는 목적어가 나와 있지 않아요. 그러면 'invite'는 동사 역할을 못 하고 있는 거예요.

갸우뚱한 상태로 문장을 계속 읽어 내려가 볼까요? 아! 동사 'were'가 나오네요. 'were'는 '~였다'니까 뒤에 보어에 해당하는 내용이 있어야겠죠? 아, my colleagues가 있네요. 'were'가 동사 역할을 잘하고 있으니 핵심 동사겠네요.

동사 'were'의 앞부분은 주어 역할을 잘하고 있는지 마지막 검토를 할 필요가 있겠죠!

"invited~ party" 부분은 그 앞의 명사 People을 수식하는 구입니다.

'나의 생일 파티에 초대된'이라는 의미를 만들고 있어요.

'invited' 앞에 있는 'People'이라는 명사가 긴 주어 중의 핵, 즉 핵주어로 쓰인 것을 알 수 있어요.

핵주어

People invited to my birthday party / were my colleagues.

주어(명사 + 수식어구) 핵심 동사

내 생일 파티에 초대된 사람들은 나의 동료들이다.

이처럼 핵주어를 수식하는 구 안에서 '동사의 형태'를 하고 '명사를 수식하는 형용사 역할'을 하는 단어들에 주의해야 합니다.

핵주어 뒤에 쓰여서 그 명사를 꾸며 주는 동사 형태를 주의해야 해요!

요 녀석들이 우리를 헷갈리게 하거든요.

명사를 꾸미는 것은 '형용사'이지, '동사'가 결코 아닙니다.

동사를 고를 때는 '동사의 형태'뿐 아니라 문장 속에서 '동사의 역할'을 하고 있는 게 중요하다는 거 꼬옥 명심해요.

이 문장의 핵심 동사는 하나, were입니다.

(2) 핵주어를 절이 수식하는 문장

이번에는 절이 핵주어를 꾸며서 주어가 길어지는 경우를 살펴볼까요.

Anyone who likes to play tennis is encouraged to join our tennis club.

핵심 동사를 찾아볼까요? 이 문장에서는 동사의 형태를 가진 단어들이 무려 네 개나 됩니다. 입이 딱 벌어지네요.

그러나, 차근차근 해결해 보자고요. 핵심 동사는 한 문장에 하나입니다.

일단 첫 번째 동사 'likes'는 뒤에 'to play'라는 목적어를 가지고 옵니다. 동사의 역할을 하고 있네요!

'play'는 앞에 to가 있기 때문에 ('to+V' 형태는 문장에서 동사 역할을 할 수 없다고 했죠?) 아쉽게도 핵심 동사가 아닙니다.

'is encouraged'를 볼까요? 뒤에 'to join'이라는 보어를 갖고 오네요. 동사 역할을 하고 있습니다.

자, 그럼 'play'와 'join'은 'to+V' 형태이므로 동사 역할에서 제외되고, 나머지 'likes'와 'is encouraged' 두 개 중에 어떤 것이 문장의 핵심 동사인지를 살펴볼까요?

먼저 'likes' 앞을 보죠.

'who'가 보입니다. 이후 고비에서 다루겠지만 'who'는 앞의 명사를 수식하는 절을 이끄는 접속사 역할을 합니다.

즉 'who likes~ tennis' 부분이 'Anyone'이라는 명사를 수식하고 있는 구조인 것입니다.

'who likes~ tennis' 안에는 주어(who), 서술어(likes)가 포함되어 있습니다. 'Anyone'을 수식하는 절의 역할을 하는 주어 부분입니다.

핵주어

Anyone who likes to play tennis / is encouraged to join

주어(명사 + 수식절) 핵심 동사

our tennis club.

테니스 치는 것을 좋아하는 사람이라면 누구든지 / 우리 테니스 클럽에 들어와도 좋다.

여기서 헷갈리지 말아야 할 것!

Anyone이라는 핵주어를 수식하는 절 속의 likes가 동사 '역할'을 하지만 문장 전체의 동사 역할이 아니라, 핵주어를 수식하는 '절 속의 동사'라는 것입니다. 그리고 이 절은 주어를 수식하는 절이기 때문에 결국 주어에 포함되는 거죠.

동사 역할을 하더라도, 그것이 주어를 수식하는 절 속의 동사인가 문장 전체의 핵심 동사인가를 구분해 내야 합니다.

기억하세요! 문장의 핵심 동사는 단 하나! is encouraged입니다.

(3) 주어가 절 자체인 문장

긴 절이 전부 주어인 경우를 살펴볼게요.

Whether we will finish it on time depends on the situation.

핵심 동사를 찾아볼까요. 이 문장에서도 역시 will finish와 depends 두 개의 동사 '형태'가 보이며, 둘 다 동사 '역할'을 하고 있습니다. 하지만 핵심 동사는 depends입니다. 왜인지 볼까요.

Whether we will finish on time / depends on the situation.

주어(Whether 절) 핵심 동사

우리가 제때에 끝낼 수 있을지 없을지는 / 상황에 달려 있다.

Whether 절 전체가 이 문장의 주어 역할을 하고 있기 때문입니다. 접속사 Whether이 절을 이끌고 있으며 그 속의 동사 will finish는 문장의 핵심 동사가 아닌 주어 속 Whether 절의 동사입니다. 이 문장에서 핵심 동사는 단 하나! depends입니다.

 Mrs. 콜라보! 아직 잘 모르겠어요.

 어떤 부분이 어렵니?

 동사 고르는 것까지는 잘 갔는데, 갑자기 주어의 형태 얘기가 나오니까 정신이 혼미해져요!

 차근차근 읽어 나가다 보면 이해가 될 거야. 다음 고비에서 더 자세하게 보게 될 거야. 그런 의미에서 이제까지 배운 걸 다시 정리해 볼까. 핵심 동사란?

 핵심 동사는 첫째, 동사의 형태를 갖추고 있어야 하며 동사의 역할을 해야 한다.

 그리고 두 번째, 동사의 역할을 할 때, 주어의 일부로서가 아닌 문장 전체의 동사 역할이어야 한다?

 맞았어! 주어 속에 포함되어 있는 동사 형태에 낚이지 않고 문장 전체의 핵심 동사를 고르는 것이 가장 중요했지.

 아까부터 궁금했는데요, 절도 주어가 될 수 있나요?

 응, Whether처럼 접속사가 절을 이끌면서 문장 속에서 주어 역할을 할 수 있지. 절에는 여러 종류가 있는데 그중 하나인 명사절이 주어 역할을 할 수 있지.

명사절, 명사, 주어 역할. 첫 번째 고비에서 배웠던 것과도 연결되네요!

맞아, 뜬희야. 이 얘기는 앞으로 계속 나올 거야.

여러분께 드리는 공식 질문입니다. 생각해 보세요.

여러분에게 동사란?

- 문장의 필수 구성요소 중 서술어 자리에 들어가는 것.
- 8품사 중 하나.
- 문장의 구조를 결정하는 가장 중요한 단어.
- 문장에 꼭 있어야만 하는 것.

이 고비에서 우리는 문장의 구조 분석을 하기 위한 기본 중의 기본, 문장의 핵심 동사 찾기를 해 봤어요.

긴 주어를 봤을 때 당황하지 말고 핵주어를 찾아낸 다음, 연결되는 문장 전체의 동사 찾기!

긴 주어가 좀 어려웠죠? 다음 고비에서 확실하게 알게 될 테니 걱정 말아요.

다음 그림을 보며 이 고비에서 배운 것을 확실히 내 것으로 만들어 볼까요.

주어
핵주어+(단어+단어+단어)
서술어
(동사)
주어
핵주어+(S+V+단어+단어)
서술어
(동사)
주어가 절이야… 데헷!
서술어
(동사)

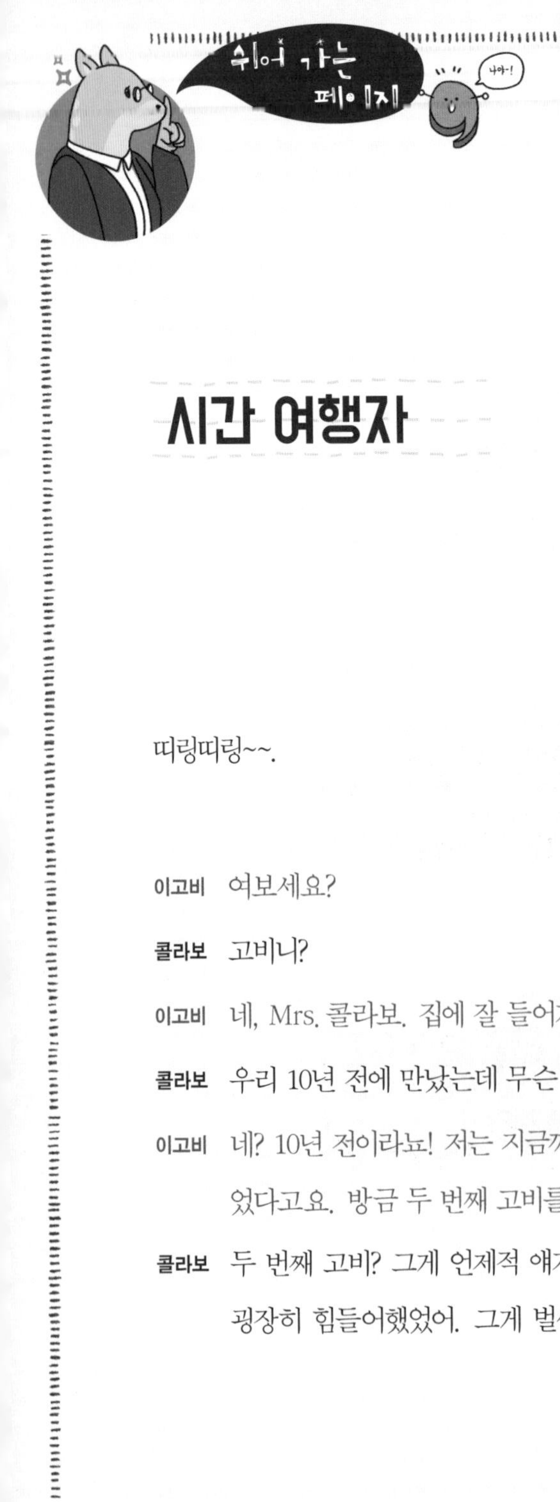

시간 여행자

띠링띠링~~.

이고비 여보세요?

콜라보 고비니?

이고비 네, Mrs. 콜라보. 집에 잘 들어가셨어요?

콜라보 우리 10년 전에 만났는데 무슨 소리야?

이고비 네? 10년 전이라뇨! 저는 지금까지 뜬희와 Mrs. 콜라보와 함께 있었다고요. 방금 두 번째 고비를 같이 넘었잖아요.

콜라보 두 번째 고비? 그게 언제적 얘기야. 세 번째 고비를 넘을 때 네가 굉장히 힘들어했었어. 그게 벌써 10년 전이라고. 그리고 너는 그

세 번째 고비를 넘지 못해서… 그때 영어에서 손을 놓았고, 그후 홀연히 사라졌었지.

이고비 아니, 이럴 수가! 제가요? 세 번째 고비에서 무너졌단 말이에요? 말도 안 돼요. 지금 여긴 2017년이에요. 거긴 몇 년도예요?

콜라보 2017년? 그럴 리가! 여기는 2027년이야. 이게 무슨 일이지 도대체?

이고비 제가 더 혼란스러워요. 이 전화가 어떻게 가능한 건지….

콜라보 고비야, 나도 뭐가 뭔지는 모르겠지만 일단 잘 들어. 너는 이후에 세 번째 고비에서 위기를 만나게 돼. 그걸 극복하느냐 하지 못하느냐가 중요해. 절대 포기하지 마~. 뜬희는 그때 영어를 포기하는 너를 너무나 안타까워했었어.

이고비 뜬희는 잘 있나요?

콜라보 뜬희는 지구 한 바퀴 돌 듯 영어 날개를 달고 세계 각국을 날아다녀. 가끔씩 네 얘기를 하며 보고 싶어 하지.

이고비 저도 그 자리에 함께하게 될 수 있을까요?

콜라보 남은 고비들을 끝까지 넘는다면 가능할 거야. 절대 포기하지 마.

이고비 아, Mrs. 콜라보… 저는 그때 여자 친구가 생기기는 하나요?

콜라보 그건 네가 말이야…. *#@^*%…(치직 치지지직….)

이고비 뭐라고요? 얘기 좀 해 주세요! 얘기 좀! (치직… 삐이이이이이이이…) 아, 세 번째 고비를 잘 넘어야 된다니….

This is gongbu time..!

#03 절과 접속사

구조 분석을 하려는데 이 곁가지들은 뭐람!

영어, 네가 뭔데

날 이렇게 힘들게 해.

어제 이상한
꿈을 꿨어.
어떤 꿈
이었는데?

호호
Mrs.콜라보가 나왔어.

뭐야뭐야!! 시험문제라도
전수해 주신 거야?

아니... 대신 노루 가문
대대로 내려오는 비장의
기술을 전수해 주셨어.
오잉?
그건 또 뭐야?

노룩 패스라고
안 보고도 잘 던지는
기술이라던데...
자연스럽게
영어 책
던지지마!

이번 장에서는 지난 시간에 이어, 영어의 문장 구조 분석을 할 때, 꼭 넘어야 할 고비를 다루게 됩니다.

자, 기억력을 발휘하며 다음 문단에서 각 문장들 속의 핵심 동사를 찾아볼까요.

District of Columbia (Washington D.C.)

❶ Washington D.C. is the capital city of the United States of America (USA). ❷ "D.C." stands for the "District of Columbia" which is the federal district containing the city of Washington. ❸ The city is named for George Washington, military leader of the American Revolution and the first President of the United States. ❹ The District of Columbia and the city of Washington are coextensive and are governed by a single municipal government, so for most practical purposes they are considered to be the same entity. ❺ It is known locally as the District or simply D.C.

↓ 짜잔

District of Columbia (Washington D.C.)

❶ Washington D.C. is the capital city of the United States of America (USA). ❷ "D.C." stands for the "District of Columbia" which is the federal district containing the city of Washington. ❸ The city is named for George Washington, military leader of the American Revolution and the first President of the United States. ❹ The District of Columbia and the city of Washington are coextensive and are governed by a single municipal government, so for most practical purposes they are considered to be the same entity. ❺ It is known locally as the District or simply D.C.

❶ 워싱턴 D.C.는 미합중국의 수도입니다. ❷ "D.C."는 워싱턴을 포함하는 연방 특별구인 "콜럼비아 특별구역(District of Columbia)"을 나타냅니다. ❸ 도시의 이름인 워싱턴은 미국 시민 혁명의 군 통솔자이자, 미국의 초대 대통령이었던 조지 워싱턴의 이름을 따서 붙여졌습니다. ❹ 콜럼비아 특별구역과 워싱턴은 동일한 공간에 걸쳐 위치하고 있으며 하나의 시 행정부에 의해 다스려지고 있기 때문에 대부분의 실제적 목적에 있어서 동일한 독립체로 여겨지고 있습니다. ❺ 위치상 District, 또는 간단히 D.C.라고 알려져 있습니다.

위의 글은 미국 수도, Washington D.C.의 이름에 대해 설명하고 있어요.

총 다섯 문장으로 되어 있죠.

지난 시간에 한 문장의 중심이 되는 핵심 동사는 하나라고 배운 거

기억나죠?

①, ③, ⑤번은 동사가 하나씩 보이니 고민할 필요가 없겠네요. 그런데 ②번 문장을 볼까요. 핵심 동사로 보이는 것이 두 개가 있죠? ④번을 보면 핵심 동사처럼 생긴 부분이 무려 세 개나 있네요.(to + 동사는 핵심 동사가 아니라고 했으니 to be는 아니고요.)

어떤 게 핵심 동사일까요?

②번은 색깔이 다르게 칠해져 있으니 둘은 구별되는 역할인 것을 짐작할 수 있겠죠? 이 문장은 지금은 잠깐 넣어 두자고요.

이후 찾아올 고비에서 해결할 예정이니 그때 다시 끄집어내죠.

동사가 여러 개 칠해져 있는 ④번 문장을 먼저 살펴볼게요.

❹ The District of Columbia and the city of Washington are coextensive and are governed by a single municipal government, so for most practical purposes they are considered to be the same entity.

문장 속에 세 개의 동사가 보이네요.

아, 어떻게 풀어 가야 할까요?

"한 문장에 핵심 동사는 하나라면서요~~. 아흑…."

"고비야 워워. Calm down, calm down. 한 문장 속에 핵심 동사가 하나라는 건 변하지 않아. 다만!"

"다만 뭐요~~?"

"문장(절)들이 대등하게 연결되어서 하나의 문장으로 이어지는 경우가 있지."

"그러면 한 문장에 핵심 동사가 여러 개일 수 있는 건가요?"

"맞아!"

"네에?"

절(clause)

한 문장에 어떻게 핵심 동사가 여러 개인지 궁금하죠? 이번 고비의 핵심 개념이자, 고비를 넘는 데에 있어서 꼭 짚고 넘어가야 할 두 가지, '절'과 '접속사'를 자세히 배우면 그 의문이 바로 풀립니다. '절'에 대해 먼저 알아볼까요.

1) 절이란?

두 개 이상의 단어로 이루어져 있는 단어 덩이.

'의미'를 가진 단어 덩이.

'구'와의 차이점은 '절' 안에는 주어와 서술어가 있다는 거.

문장에서 단순히 의미를 더해 주는 '구'와는 다르게, '절'은 다양한 종류가 있으며 그에 걸맞은 다양한 역할을 하게 된다는 것.

앞에서 이렇게 절의 개념을 배웠지요. 이제 절의 다양한 종류와 역할을 정리해 보도록 할게요.

2) 절의 종류와 역할

절은 크게 두 가지 종류가 있어요.

주(主)절, 종속(從屬)절.

서로의 관계는 명확합니다. 주절은 주인인 절이고, 종속절은 주절에 속해 있는 하인 절인 것이죠.

주절은 영어로 main(주된, independent 독립적인) clause라고 부르며, 자체로 하나의 문장 역할을 할 수 있지요. 문장의 핵심 동사를 포함하고 있습니다.

반면 종속절은 영어로 subordinate(부수적인·하급의, dependent 의존적인) clause라고 하며, 주절에 의존하는 하급 절입니다.

주절과 종속절을 구분하는 쉽고도, 정확한 방법이 있답니다!

종속절은 언제나 접속사 뒤에 나온다는 거죠. 문장 속에 두 개의 절이 보일 때, 접속사 뒤에 나오는 절이 바로 종속절입니다.

I answered the phone when it rang.

전화기가 울렸을 때 나는 전화를 받았다.

이 문장을 볼까요?

'I answered the phone'이 주절입니다.

이 자체가 하나의 독립된 문장 역할을 할 수 있는 독립적인 절이지요.

'when it rang' 부분은 접속사 'when'이 주어와 서술어를 이끌고 있으므로 종속절이 됩니다. 'when it rang'이 자체만으로는 한 문장의 역할을 못 합니다. 주절에 의존해야 하는 종속적인 절인 거죠.

종속절은 세 가지 종류로 다시 나뉘게 됩니다.

명사절, 형용사절, 부사절입니다.

종속절의 세 가지 종류를 자세히 알아볼까요.

(1) **명사절**(명사의 역할 = 문장 속에서 주어/목적어/보어 역할)

- 주어 역할을 하는 명사절

Whether you like her or not / is not an issue here.

당신이 그녀를 좋아하는지 아닌지는 여기서 중요한 문제가 아니다.

✓ Whether 절이 주어 역할. 명사절.

"주어 역할을 하는데 주절이 아니다? 갑자기 헷갈려."

"음, '주어 역할을 하는 절'이 있는 거고, '주절'이 따로 있는 거잖아. 문장 안의 주어 역할을 하는 절은 주어가 '절' 모양인 거 아닌가? '주절'은 그 안에 문장의 핵심 동사가 있는 거고! 위의 문장에서 핵심 동사는 'is'니깐…."

"오… 고비야 대단하다~."

• 목적어 역할을 하는 명사절

I know / that you love me.

당신이 나를 사랑한다는 것을 나는 안다.

✓ **that 절이 목적어 역할. 명사절.**

• 보어 역할을 하는 명사절

My hope is / that he will come back soon.

나의 바람은 그가 곧 돌아왔으면 하는 거다.

✓ **that 절이 보어 역할. 명사절.**

(2) **부사절**(부사 역할 = 명사, 형용사 역할을 제외한 나머지 역할. 이유, 시간, 조건, 목적 등의 의미를 가짐)

Because I woke up early this morning, / I feel sleepy.

오늘 아침 일찍 일어났기 때문에, 나는 졸리다.

✓ **Because 절이 부사 역할. 부사절(이유)**

I've decided to be a carpenter when I grow up.

나는 커서 목수가 되기로 결심했다.

✓ **when 절이 부사 역할. 부사절(시간)**

If you miss it, you will regret it.

만약 이걸 놓친다면, 당신은 후회할 것이다.

✓ **If 절이 부사 역할. 부사절(조건)**

(3) 형용사절(형용사 역할 = 명사를 꾸며 주는 역할)

This is a blouse / which I bought last week.

이것은 지난주에 샀던 블라우스이다.

✓ which 절이 blouse를 수식하는 형용사 역할. 형용사절.

This is a room / where I met him.

이것은 내가 그를 만났던 방이다.

✓ where 절이 room을 수식하는 형용사 역할. 형용사절.

연습문제 다음 문장 속의 종속절은 명사절, 부사절, 형용사절 중 어떤 절일까?

① **I strongly recommend that you read this book.**

② **Seoul is a city which I want to visit.**

③ **If it rains tomorrow, we will stay at home.**

① 'that you read this book'은 recommend 동사의 목적어 역할을 하는 명사절.(나는 네가 이 책을 읽어 보기를 강력히 추천한다.)

② 'which I want to visit'은 city를 수식하는 형용사절.(서울은 내가 방문하고 싶은 도시이다.)

③ 'If it rains tomorrow'는 조건을 나타내는 부사절.(만약 내일 비가 오면, 우리는 집에 있을 것이다.)

02 접속사(conjunction)

1) 접속사란?

접속사는 8품사 중의 하나였습니다.

단어, 구, 절을 연결시켜 주는 단어입니다.

한 문장에 핵심 동사는 한 개입니다. 그러나 접속사를 통해 여러 개의 핵심 동사들이 대등하게 연결될 수 있어요.

'접속'이라는 말 자체가 연결시킨다는 의미니까요.

앞에서 보았던 문장을 통해 접속사를 포함한 문장 구조를 분석해 보도록 할게요.

❹ The District of Columbia and the city of Washington are coextensive and are governed by a single municipal government, so for most practical purposes they are considered to be the same entity.

❹ 콜럼비아 특별구역과 워싱턴은 동일한 공간에 걸쳐 위치하고 있으며 하나의 시 행정부에 의해 다스려지고 있기 때문에 대부분의 실제적 목적에 있어서 동일한 독립체로 여겨지고 있습니다.

동사 세 개가 접속사 and와 so로 연결된 문장입니다. 이와 같이 한 문장 속에서 접속사가 동사들을 연결해 줄 때, 한 문장 속에 핵심 동사가 여러 개 있을 수 있어요.

이런 역할을 할 수 있는 접속사를 정리해 보도록 할게요.

 고비야! 품사할 때 배웠던 접속사 기억나?

 문어 다리 말하는 거지? 기억이 가물가물…. and, so, but…. 이런 거잖아.

 접속사의 종류는 사실 많단다. 접속사는 무엇을 연결하느냐에 따라 종류가 나뉘어지지.

 접속사에도 종류가 있군요. 아… 이런….

문장의 구조 분석을 하고 동사를 파악하기 위해서 8품사 중 하나인 접속사를 반드시 이해해야 해요!

2) 접속사의 종류

(1) 등위 접속사

and, but, or, so 등으로 대등한 위상의 단어와 단어, 구와 구, 절과 절을 연결해요.

① Pizzas and pastas are on the menu.

피자와 파스타가 메뉴에 있다.

단어와 단어 연결

② You may send the resume by mail or by fax.

너는 우편이나 팩스를 통해서 이력서를 보낼 수 있다.

구와 구 연결

③ I am sorry, but I love you.

미안하다, 하지만 널 사랑한다.

절과 절 연결

④ He had homework, so he stayed up late to finish it.

그는 숙제가 있어서 숙제를 끝내려고 늦게까지 깨어 있었다.

절과 절 연결

⑤ She was in the classroom, and he went there to see her.

그녀는 교실에 있었고, 그는 그녀를 보기 위해 교실로 갔다.

✓ **절과 절 연결**

③~⑤번 문장처럼 절들이 등위 접속사로 연결되어 있을 때에는, 한 문장에서 (보라색으로 칠해진) 핵심 동사를 여러 개 찾아볼 수 있어요.

(2) 상관 접속사

both A and B(A와 B 둘 다), either A or B(A 또는 B), neither A nor B(A도 아니고 B도 아닌), not only A but also B(A뿐만 아니라 B도), B as well as A(A뿐만 아니라 B도), not A but B(A가 아니라 B) 등이에요.

서로 상관하는 것들을 연결시켜 주는 접속사로서 접속사 자체가 숙어와 같은 형태를 띤답니다.

① Both Pizzas and pastas are on the menu.

피자와 파스타 둘 다 메뉴에 있습니다.

② You may send the resume either by mail or by fax.

너는 우편이나 팩스를 통해서 이력서를 보낼 수 있다.

③ Neither he nor you are responsible for this situation.

그도 당신도 이 상황에 책임이 없습니다.

④ I did not only my homework, but I also cleaned the room.

나는 숙제를 했을 뿐만 아니라 방도 청소했습니다.

⑤ He as well as I loves you.

나뿐만 아니라 그도 당신을 사랑합니다.

⑥ Life is not about speed but about direction.

삶은 속도의 문제가 아니라 방향의 문제이다.

이와 같이 상관 접속사는 숙어처럼 A, B 짝을 이루어 문장 안에서 쓰이게 됩니다.

상관 접속사를 공부할 때 같이 알아 두어야 할 게 있어.

어떤 거예요, Mrs. 콜라보?

A, B가 짝을 이루어 쓰이는 위 문장 중 ③번과 ⑤번 문장을 볼래? 뭔가 특이한 것 없니?

음 일단 ③번 문장의 핵심 동사는 are이고, ⑤번 문장은 loves가 핵심 동사이고요. 엇, 이 두 문장의 핵주어는 어떻게 되나요? 그게 좀 헷갈리네요.

아, ③번 'Neither he nor you' 그리고 ⑤번 'He as well as I'에서 밑줄 그은 부분이 주어인데, 주어랑 동사를 맞추는 게 힘드네요. 주어에 따라 동사의 단수, 복수, 인칭의 형태가 결정될 텐데. 특히 'He as well as I' 부분은 I 다음에 love가 아닌, loves가 온다는 게 눈에 띄어요.

너희가 방금 두 문장에서 찾아낸 것처럼, 상관 접속사를 주어 부분에 사용할 때 동사의 단수, 복수, 인칭을 잘 맞춰 주는 것이 중요하단다. 문법 문제로 잘 나오기도 하지.

간단하게 이렇게 알아 두면 정리가 쉬울 거야.

'both A and B'의 의미는 'A와 B 둘 다'라는 의미니까 동사는 복수 동사가 오게 돼.

그 외 나머지 모든 상관 접속사의 단수, 복수는 B에 맞추면 된단다.

B가 핵주어기 때문이지.

both A and B	→	복수 동사(전체가 핵주어)		
either A or B	→	핵주어는 B	→	B에 맞춰 동사 사용
neither A nor B	→	핵주어는 B	→	B에 맞춰 동사 사용
not only A but also B	→	핵주어는 B	→	B에 맞춰 동사 사용
B as well as A	→	핵주어는 B	→	B에 맞춰 동사 사용
not A but B	→	핵주어는 B	→	B에 맞춰 동사 사용

네. 상관 접속사랑 연결해서 기억해 둘게요.

위의 ④번 문장을 다시 볼까요.

I did not only my homework, but I also cleaned the room.

이 문장은 두 개의 절이 상관 접속사로 연결되어 있어요.

보라색으로 쓰인 두 개의 동사 모두 이 문장의 핵심 동사입니다. 절들이 상관 접속사로 연결되어 있을 때에는, 한 문장 안에 핵심 동사가 하나일 수도 여러 개일 수도 있어요.

(3) 종속 접속사

whether(if), that(대명사가 아닌 거 알죠?), wh-로 시작하는 의문사 when·what·where·who·why, because, although, if(만약 ~라면), while, before, after, even if 등으로 대등하지 않은 절과 절을 연결해요. 즉, 주절과 종속절을 연결하지요.

대등하지 않다면 두 개의 절이 평등한 관계가 아닌 불평등한 관계에 놓여 있다는 거겠죠? 절과 절 사이에도 갑을관계가 있다는 사실!

종속절의 예문을 함께 보도록 할까요.

I don't know if he will come.

주절 접속사 종속절

갑 을

문장 전체의 핵심 동사는 주절 안에 있습니다.

갑절 안에만 있다는 거예요.

그렇다면! 다음 문장 구조 분석을 볼까요?

I don't know if he will come.

문장의 핵심 동사 문장 전체의 핵심 동사 아님!

If 절 속의 동사임.

나는 그가 올지 안 올지 모르겠다.

등위 접속사, 상관 접속사로 연결된 문장에는 핵심 동사가 여러 개 올 수 있지만 종속 접속사로 연결된 문장에는 단 하나의 핵심 동사만 올 수 있다는 점, 기억해 두세요!

해석을 할 땐 언제나 핵심 동사 중심으로 하는 거 알죠? 위 문장을 한번 해석해 볼까요.

① '나는 모른다.' 뭘? if 다음을.

그다음 if 접속사와 연결된 종속절을 해석하는 거예요.

② '그가 올지 안 올지.'

자, 두 문장을 합치면 됩니다.

③ '나는 그가 올지 안 올지 모른다.'

중요한 것은 주절 안에 핵심 동사가 있다는 거예요.

종속절의 동사는 문장 전체의 핵심 동사가 아니라는 것을 꼭 기억해요!

앞에서 공부했지만 종속절을 한 번 더 복습하고 넘어가죠.

① **명사절** : 문장 속에서 명사 역할을 하는 절.
주어, 목적어, 보어의 자리에 위치한다.

- **It is certain** that he is innocent. 그가 결백하다는 것은 분명하다.
  - 주어 역할의 that 절
  - 주어가 길어서 가짜 주어 'It'을 사용했으며 that 절을 문장의 제일 뒤로 보냄.

- **The weather forecast** said **that** there would be rain today. 기상 예보는 오늘 비가 올 것을 예보했다.
  - 목적어 역할의 that 절

- I wonder **if/whether** you like this sweater. 나는 네가 이 스웨터를 좋아할지 궁금하다.
  - 목적어 역할의 if/whether 절

- Who said it is **important to me.** 누가 그것을 말했는지가 내게는 중요하다.
  - 주어 역할의 의문사절

- I can't understand what he said. 나는 그가 말한 것을 이해할 수가 없다.
  - 목적어 역할의 의문사절

- I have **the belief that** you will achieve your dream someday. 나는 네가 언젠가 너의 꿈을 이룰 것이라는 믿음을 가지고 있다.
  - the belief를 설명하는 목적보어 역할의 that 절

② **형용사절**(=관계사절) : 문장 속에서 형용사의 역할을 하는 절. 명사를 꾸며 줌.
명사의 바로 뒤에 위치한다.
(네 번째, 다섯 번째 고비에서 관계사절을 실컷 보게 될 테니 이 고비에서는 관계사절이 종속절이라는 것만 알아 두길.)

- **'Superman Returns' is a movie which I like the most.** 'Superman Returns'는 내가 제일 좋아하는 영화이다.
  - which 절이 movie를 수식하는 형용사절

- **Seoul is a city where I spent my childhood.** 서울은 내가 어린 시절을 보낸 도시이다.
  - where 절이 city를 수식하는 형용사절

③ **부사절** : 문장 속에서 부사 역할을 하는 절
(명사, 형용사 역할을 제외한 다른 모든 역할. 잡절 정도로 생각하면 됨)
시간, 이유, 양보, 조건, 대조의 의미를 담고 있다.
부사절은 주절 앞에 나오기도 하고, 뒤에 나오기도 하는 자유로운 영혼이다.

- **When he came home, I turned on the TV to watch the show.** 그가 집으로 왔을 때, 나는 쇼를 보기 위해 TV를 켰다.
  - when 절이 시간을 나타나는 부사절

- **I missed the bus because I got up late in the morning.** 나는 아침에 늦게 일어났기 때문에 버스를 놓쳤다.
  - because 절이 이유를 나타내는 부사절

- **Although it was freezing outside, it was warm inside thanks to the heating system.** 밖은 너무나 추웠음에도 불구하고, 난방 시스템 덕분에 실내는 따뜻했다.
  - Although 절이 양보를 나타내는 부사절

- **I will wait for you if you promise to come.** 만약 네가 올 거라고 약속한다면, 나는 너를 기다리겠다.
  - if 절이 조건을 나타내는 부사절

- **While I was having breakfast, my sister overslept herself and skipped breakfast.**

  등위 접속사로 연결된 핵심 동사가 2개!

  내가 아침을 먹고 있는 동안(내가 아침을 먹은 반면), 내 여동생은 늦잠을 자서 아침을 못 먹었다.
  - While 절이 대조를 나타내는 부사절

위 예문들에서 빨강으로 쓰여진 부분이 문장의 핵심 동사, 파랑 부분은 종속절입니다.

눈치 챘겠지만 진한 파랑이 종속 접속사입니다.

명사절을 이끄는 접속사로는 if·whether, wh- 의문사, that이 사용되었고, 부사절을 이끄는 접속사로는 when, because, although, if, while이 사용되었어요.

그렇다면 형용사절(=관계사절)을 이끄는 접속사는요?

그것은 바로 관계사! 네 번째 고비 제목이네요. 기대되지 않나요?

바로 이거였네요, 꿈속에서 제가 포기하고 싶었던 바로 그 고비. 종속절을 다시 확인하니 약간 어지러워요.

그래? 나는 뭔가 뿌듯한 느낌인데.

맞아. 언제나 정리가 중요하지~. 고비, 지금까지 배운 것을 생각나는 대로 말해 볼래?

음, 아직 머릿속에 다 안 들어와요. 문장 속 핵심 동사 찾기밖에 기억이 안 나는데요?

어머! 고비야, 바로 그거야. 우리가 구조 분석 고비에서 배운 것은 결국 핵심 동사를 잘 찾기 위해서였어. 긴 주어 부분을 정리했던 것도, 절과 접속사를 정리한 것도 결국은 문장 속의 핵심 동사를 찾기 위해서였어. 잘했다, 고비야!

 오 고비~. 대단하다!

 뭐지? 내가 해낸 건가… 저, 칭찬받은 거… 맞나요? 눈물이 나….

지금까지 배운 내용들을 복습해 볼게요.

'절과 접속사' 고비의 핵심도 역시 핵심 동사 찾기였어요.

핵심 동사를 중심으로, 절과 접속사를 파악하며 문장 구조 분석을 해 보았습니다.

문장 속 동사의 위치에 대한 집중력을 잃지 않고 마무리!

그렇지만 살짝 찜찜한 기분이 들지 않나요?

우리는 이 고비에서 Washington D.C. 문단 속의 ②번 문장을 남겨 놓았었답니다.

네 번째 고비인 관계사 고비를 넘으면 ②번 문장은 저절로 해결될 거예요.

다 함께 다음 고비로 이동할까요?

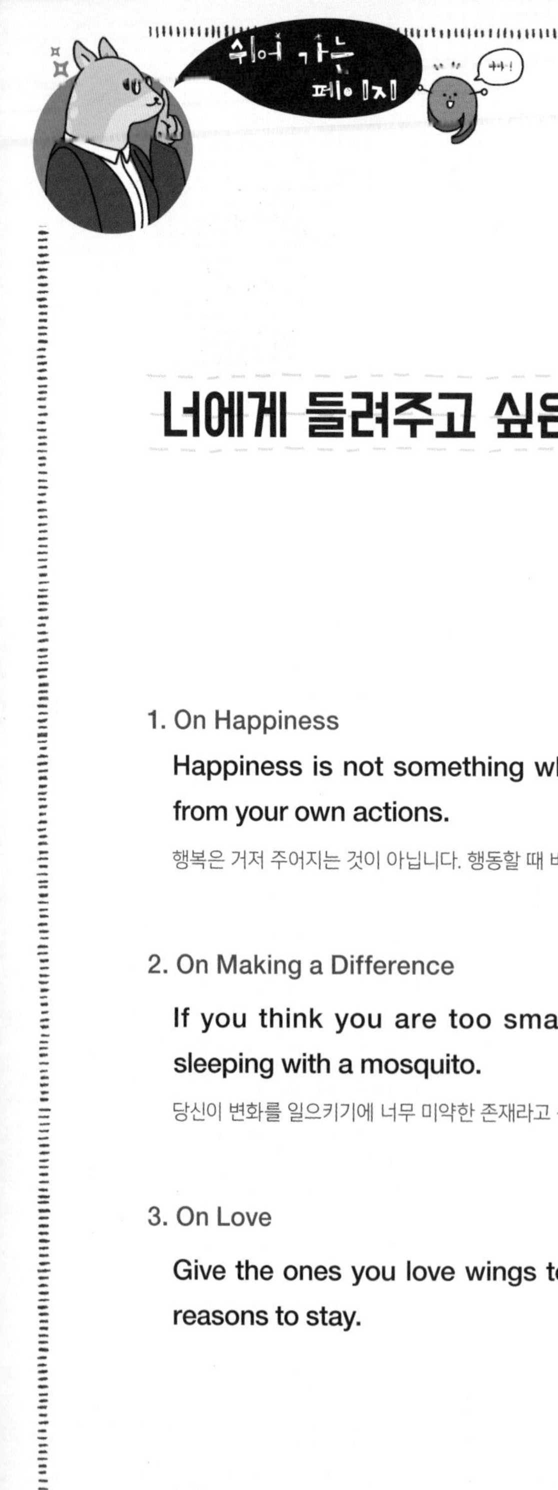

너에게 들려주고 싶은 이야기

1. On Happiness

   Happiness is not something which is ready made. It comes from your own actions.

   행복은 거저 주어지는 것이 아닙니다. 행동할 때 비로소 행복을 얻을 수 있습니다.

2. On Making a Difference

   If you think you are too small to make a difference, try sleeping with a mosquito.

   당신이 변화를 일으키기에 너무 미약한 존재라고 생각될 때, 모기와 하룻밤을 지내 보세요.

3. On Love

   Give the ones you love wings to fly, roots to come back and reasons to stay.

사랑하는 사람에게 날아갈 수 있는 날개를 달아 주세요. 다시 돌아올 수 있는 뿌리를 주세요. 그리고 머물러야 할 이유도 알게 하세요.

4. On Peace

We can never obtain peace in the outer world until we make peace with ourselves.

내면의 평안을 얻기 전까지는, 외부 세계에서의 평안함을 누릴 수 없다.

5. On Knowledge

Share your knowledge. It is a way to achieve immortality.

당신이 가지고 있는 지식을 나누세요. 영원히 살 수 있는 방법이지요.(그 지식의 나눔의 영향력은 영원히 지속될 테니까요.)

6. On Problem Solving

If a problem can be solved it will be. If it cannot be solved there is no use worrying about it.

해결할 수 있는 문제라면 풀리게 되어 있습니다. 만약 해결할 수 없는 문제라면 걱정조차 하지 마세요. (어차피 해결할 수 없으니까요)

7. On the Environment

It is our collective and individual responsibility to preserve and tend to the environment in which we all live.

우리 모두가 살고 있는 환경을 보존하고 돌보는 것은 우리가 집단적, 개인적으로 행해야 할 의무입니다.

This is gongbu time..!

#04 관계사 1
- 기본 개념

연결, 연결, 연결…

앗! 벌써 시간이
이렇게 되다니...?!
이제 진짜
공부해야 하는데!

저번 중간고사도 망쳤는데
안 되지 안 돼!
불끈!

자앗!! 시간표를
짜 볼까...!!!
톡톡
일단은... 한 시간
단어 암기하고...
필기..앗..누가
인스타 좋아요
눌렀네
확인만
해봐야지
대박 뭐야
둘이 사귀는 거?
1시간 후..
앗! 벌써 시간이
이렇게 되다니...?!
이제 진짜
공부해야 하는데!
무한 반복 중

시험에 꼭 나온다고 하는 것!

모든 책에서 계속 강조하는 것!

영어에 있어서 그런 것들 중 하나는 '관계사'입니다.

관계사는 어떤 책을 보든, 어떤 시험을 보든, 꼭 나옵니다.

한번 제대로 이해하면 절대 우리를 배신하지 않는 관계사.

이번에 제대로 이 고비를 넘어 버리자고요.

네 번째 고비의 주인공은 바로 '관계사'이니까 여러분! 집중해서 꼭 이 고비를 넘어야 합니다.

핵심 동사 찾기가 제일 중요하고, 연결어를 파악해서 문장 구조를 본다는 걸 알게 되니까, 이제 영어 문장 해석할 때 한결 마음이 편해짐!

오올~. 접속사 부분에서 종속 접속사를 배웠고 종속 접속사가 이끄는 종속절의 종류에 대해서 배울 때 형용사절을 얘기했잖아. 이번엔 형용사절을

자세히 공부한대.

엥? 관계사를 배울 거라고 했는데?

관계사가 형용사절을 이끄는 거란다. 관계사도 접속사인 거지. 지난 고비에서 배운 것과 연결해서 관계사를 보면 더 잘 이해할 수 있을 거란다.

지난 고비에서 다뤘던 내용을 포인트만 간단히 정리해 볼까요.

1. 한 문장 안에는 언제나 핵심 동사가 하나다.
2. 그러나 등위 접속사나 상관 접속사로 동사들이 연결된 문장은 핵심 동사가 두 개 이상일 수 있다.
3. 등위 접속사나 상관 접속사가 아닌 종속 접속사로 연결될 때에는 주절의 동사가 문장의 핵심 동사이다.
   종속절의 동사는 문장의 핵심 동사가 아니므로 주의한다.
4. 종속절의 종류에는 명사절, 형용사절(=관계사절), 부사절이 있다.

이전 고비의 접속사 정리 그림을 보는 것도 도움이 될 거예요. 다시 참고해 보길!

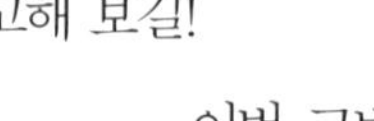

이번 고비는 위에서 언급한 관계사절을 이끄는 관계사입니다.

관계사도 해치웁시다. 어렵지 않습니다. 해치

지 않아요.

뭔가 당한 기분이 든다고요? 아닙니다. 이렇게 시작하다가 영어의 산 꼭대기 위에 서게 되는 거예요.

01 관계사란?

관계사는 말 그대로 관계(=연결)시키는 겁니다.

무엇을요?

문장들을요.

관계사는 문장들을 연결해 주는 역할을 합니다. 그래서 접속사의 한 종류인 거예요. 그렇다면 접속사와 관계사의 차이점이 뭘까요?

예를 들어 살펴볼게요.

다음과 같은 두 문장이 있습니다.

I know Elizabeth. Mark wants to have pizza for lunch.

난 엘리자베스를 알고 있다. 마크는 점심으로 피자를 먹고 싶다.

두 문장을 접속사를 사용해 연결하면,

I know Elizabeth and Mark wants to have pizza for lunch.

기억나요?
I say 등! You say 위!
등! 위! 등! 위!

두 문장을 등위 접속사 and를 사용해서 연결했습니다.

접속사를 사용해서 한 문장 속에 핵심 동사를 2개 만

드는 경우예요.

예문을 살짝 바꿔 볼게요.

I know Elizabeth.

Elizabeth wants to have pizza for lunch.

Mark를 Elizabeth로 바꿨어요.

연결해 볼까요.

I know Elizabeth and **Elizabeth wants to have pizza for lunch.**

문장 속에 동일한 인물이 등장합니다.

누구? Elizabeth요.

두 문장의 공통 분모가 있는 거죠.

수학에서 배운 공통 분모 기억나죠? 이곳에서 진정한 통합 교과 학습이 이루어지고 있군요.

 고비야, 뜬희야, 공통 분모란 단어 들어 봤니?

 그럼요~. 수학의 분수에 나오는 개념이잖아요.

 분수의 덧셈이나 뺄셈을 할 때 분모를 같게 만들어 주잖아요.

 그렇지! 그러면 우리 간단한 분수 덧셈 한번 해 볼까? 뜬희가 해 보자.

$\frac{2}{3}+\frac{4}{5}$를 계산하면?

그 자체로는 계산이 안 되서 분모인 3과 5를 같은 값으로 맞춰 주기 위해 공통 배수 15로 만들어 주고 분자를 그에 맞춰 만들어 줘요! $\frac{10}{15}+\frac{12}{15}$로 맞춰 주고 바로 더해 주면 끝! 정답은 $\frac{22}{15}$입니다.

오! 수학도 잘하는구나! 거리감 느껴지는 녀석 같으니.

언어의 중요한 특징 중 하나는 '실용성'이에요.

되도록 간단하게 표현하려고 하죠. 같은 단어를 반복하기 싫어해 위에 나온 문장처럼 Elizabeth를 반복해서 쓰지 않아요.

이렇게 공통 분모가 있는 두 절(혹은 두 문장)은 관계사를 통해 간단히 한 문장으로 연결합니다. 이때 'Elizabeth'와 같은 공통 분모를 선행사라고 해요.

여기서 잠깐! 선행사라니! 선행사라니~!! 평소에 쓰지 않는 이런 단어. 의미가 궁금하죠?
'앞서 행하다(先行)'라는 의미예요. 먼저 나온다는 뜻이죠. 무엇 앞에? 관계사 앞에. 관계사 앞에 나와서 관계사절의 수식을 받는 명사, 그것이 바로 선행사랍니다~!

Elizabeth를 공통 분모로 가지는 앞 절과 뒤 절을 관계사를 통해 어떻게 연결하는지 볼까요.

I know Elizabeth and Elizabeth wants to have pizza for lunch.

→ I know Elizabeth who wants to have pizza for lunch.
선행사

두 단어(and Elizabeth)를 한 단어(who)로
대신하게 되는 이 실용성! 훗! 내가 바로 영어다.

점심으로 피자를 먹고 싶어 하는 Elizabeth를 내가 알고 있는 거죠.

관계사는 이런 경우, 즉 두 문장(절)을 연결하고 싶은데 두 문장 속에 공통 분모가 들어가 있는 경우에 사용합니다.

접속사는 두 절(문장) 사이에 들어가서 두 개의 절(문장)을 하나로 연결하지만 관계사는 연결하려는 두 절(문장) 사이에 공통적으로 등장하는 단어가 있을 때 사용 가능합니다.

왜 관계사절을 다른 말로 형용사절이라고 하는 것일까요?
힌트! 형용사는 명사를 수식하는 역할을 합니다.
– 관계사절이 바로 앞의 선행사를 수식하기 때문에 형용사절이라고도 한다.

관계사를 사용하는 이유를 알아보았으니 이제 관계사에 대해 좀 더 자세히 알아볼게요.

02 관계사의 종류

관계사에는 크게 두 가지가 있어요.

관계 대명사와 관계 부사입니다.

1) 관계 대명사 = 관계사(접속사) + 대명사

관계는 다른 말로 연결, 접속을 의미한다고 했죠.

그렇다면 대명사는? 대명사 역할을 한다는 거겠죠.

즉 접속사와 대명사, 두 가지 역할을 한 단어가 하는 것입니다. 실용적으로 말이죠!

관계 대명사는 일석이. 하나로 새 두 마리(이조)를 잡으니까….

Language is a tool. The tool(=It) links us to people around the world.
언어는 도구이다. 그 도구는 우리를 전 세계 사람들과 연결해 준다.

Language is a tool and the tool(=it) links us to people around the world.
언어는 도구이며 그 도구는 우리를 전 세계 사람들과 연결해 준다.

Language is a tool which links us to people around the world.
선행사 관계 대명사
언어는 우리를 전 세계 사람들과 연결시켜 주는 도구이다.

이 문장에서 관계 대명사 'which'가 'and+the tool'의 역할을 하고 있습니다. 즉 which가 접속사 and와 명사 the tool을 대신하는 대명사 역할을 동시에 하고 있지요.

- **관계 대명사 = 접속사 + 대명사**

위 문장으로 관계 대명사가 문장 속에서 어떻게 쓰이는 건지 보니까 어떠니?

개념을 그냥 외우는 것보다 실제 문장을 보니까 이해가 더 잘 되어요.

실제로 관계사는 문장들을 많이 보면서 익히는 게 중요해. 아무리 공식을 외워도 문장에 적용하지 못하면….

끝장인가요?

응….

얼른 다른 문장을 통해서 관계 대명사의 쓰임을 또 봐요.

그래, 그러자꾸나.

또 다른 문장을 통해서 관계 대명사를 익혀 보도록 할까요? 앞 문장이랑 구조가 약간 달라요.

I remember the people. We met people in Paris.
난 사람들을 기억한다. 우리는 파리에서 사람들을 만났다.

I remember the people and we met people in Paris.
나는 사람들을 기억하며 우리는 사람들을 파리에서 만났다.

I remember the people who(m) we met in Paris.
선행사
나는 파리에서 만난 사람들을 기억한다.

같은 듯 다른, 다른 듯 같은 아까의 문장과 지금의 문장을 보고 느껴지는 차이가 있니, 뜬희야?

공통 분모가 지금까지 본 문장들과는 달리 서로 다른 위치에 있고요, 다른 관계 대명사를 썼다는 거요!

맞았어!

음… 좀 더 정확하게 얘기하자면 공통 분모 역할을 하는 단어가 주어인지, 목적어인지가 다르네요.

고비야, 네가 이 경지까지 올라오다니…. Amazing! Unbelievable!

흠흠, 조금 더 말해 볼까요? 뜬희가 얘기한 두 개의 차이점은 사실 연결되어 있지 않을까요? 대명사가 주어인지, 목적어인지에 따라 관계 대명사를 다르게 쓴 것이 아닐까 하는 생각이 듭니다.

우아아아앗! 나도 거기까지는 생각 못 했는데. 고비, 대단해~!

Unbelievable!

앞에 나왔던 문장들과 비교해 보도록 할게요.

뜬희와 고비가 이미 많은 단서를 찾아냈네요. 무엇이 다른지 차근차근 두 예시를 비교해 보도록 할게요.

① **Language is a tool.**
The tool(=It) links us to people around the world.

② **I remember the people. We met people in Paris.**

①	②
Language is a tool. The tool(=It) links us to people around the world.	I remember the people. We met people(=them) in Paris.
↓ 1단 변신	↓ 1단 변신
Language is a tool and the tool(=it) links us to people around the world.	I remember the people and we met people(=them) in Paris.
↓ 2단 변신	↓ 2단 변신
Language is a tool which links (a tool: 선행사) us to people around the world.	I remember the people who(m) (the people: 선행사) we met in Paris.

①번과 ②번의 공통점은 관계사를 사용해서 두 문장을 한 문장으로 연결하고 있다는 점입니다. 공통 분모가 있는 두 문장이 한 문장으로 바뀌고 있는 것이죠.

①번과 ②번의 차이점은 다음과 같습니다.
고비와 뜬희가 발견한 차이점이기도 합니다.

차이점 1) 대명사의 역할

①번의 the tool(=it)은 뒤 문장의 주어 자리에 있었고,
②번의 people은 뒤 문장의 목적어 자리에 있었네요.

일반적으로 관계 대명사는 선행사 바로 뒤에 위치한답니다.
관계 대명사, 너란 아이… 선행사 뒤에서 갑툭튀!

차이점 2) 관계 대명사의 쓰임

첫 번째 문장에서는 which를 쓰고,

두 번째 문장에서는 who(m)를 사용했습니다.

선행사와 격에 따라 관계 대명사를 다르게 사용한 것이랍니다.

차이점을 통한 관계 대명사의 쓰임을 정리해 보면,

어떤 관계 대명사를 사용할지는

① 선행사가 무엇인지(사람인지/사물인지)에 따라

② 뒤 문장 속 대명사의 역할(격)이 무엇인지(주어인지/목적어인지)에 따라서 결정합니다.

다음 표로 정리해 보도록 합시다.

선행사와 대명사의 격(역할)에 따른 관계 대명사의 쓰임

선행사 / 격(문장 속 역할)	사람	사람/사물	사물 또는 동물
주격	who	that	which
목적격	who(m)	that	which
소유격	whose	-	whose, of which

Mrs. 콜라보 Time!

선행사가 사람인 목적격 관계 대명사 whom은 who로 대신해서 쓸 수 있어. whom을 써도 되고 who를 써도 된단다.

① 선행사가 사람이고 대명사가 주격일 때 어떤 관계 대명사를 써야 할까요?

He is my teacher. He bought this cake for me.

그는 나의 선생님이다. 그는 내게 이 케이크를 사 주었다.

He is my teacher [who/that] bought this cake for me.

그는 내게 이 케이크를 사 준 나의 선생님이다.

② 선행사가 사물(또는 동물)이고 대명사가 목적격일 때 어떤 관계 대명사를 써야 할까요?

It is a movie. Everybody likes this movie.

그것은 영화이다. 모두가 이 영화를 좋아한다.

It is a movie [that/which] everybody likes.

그것은 모두가 좋아하는 영화이다.

관계 대명사는 선행사 바로 뒤에 쓰이기 때문에 this movie가 [that/which]로 변신하면서 위치까지 바뀌었어요!

③ 선행사가 사람이면서 대명사가 소유격일 때 어떤 관계 대명사를 써야 할까요?

She is my sister. Her bag was stolen.

그녀는 내 동생이다. 그녀의 가방은 도둑맞았다.

She is my sister whose bag was stolen.

그녀는 가방을 도둑맞은 내 동생이다.

표에 있는 관계 대명사를 그대로 적용해서 집어넣으면 되겠죠?

표의 내용을 반드시 기억하세요!

"Practice makes Perfect!"

더 많은 문장들로 연습해 보도록 할게요.

1. Sumin is a student. She wants to be a singer.

수민이는 학생이다. 그녀는 가수가 되기를 원한다.

→ **Sumin is a student who wants to be a singer.** (주격)

수민이는 가수가 되기를 원하는 학생이다.

위 문장에서 Sumin = a student = (뒤 문장의) She 관계를 볼 수 있어요.
이럴 때 두 문장의 공통 분모 관계는
Sumin = She와 a student = She
두 가지 경우가 나올 수 있습니다.

Sumin 뒤에 관계사절을 붙이느냐, a student 뒤에 붙이느냐 고민이 되는 상황인데요. 두 가지 경우 다 괜찮습니다.
문맥에 맞춰 해석이 자연스럽게 되기만 하면 돼요.

→ **Sumin who wants to be a singer is a student.**

가수가 되기 원하는 수민이는 학생이다.
(가수를 꿈꾸는 '수민이가 현재 학생'이라는 것이 더 강조되는 해석)

2. The director needs a pen. The pen is necessary for note-taking.

감독에겐 펜이 필요하다. 펜은 필기하는 데 필요하다.

→ **The director needs a pen which(=that) is necessary for note-taking.** (주격)

감독은 필기하는 데 필요한 펜이 필요하다.(감독은 필기하기 위해 펜이 필요하다.)

3. People read books. People want to acquire knowledge.

사람들은 책을 읽는다. 사람들은 지식을 얻고 싶어 한다.

→ **People who want to acquire knowledge read books.** (주격)

지식을 얻고 싶어 하는 사람들은 책을 읽는다.

3번은 이제까지 못 보던 변화죠?
관계 대명사는 연결된 절을 전부 이끌고 선행사 뒤로 들어갑니다. 선행사가 앞 문장의 주어일 경우 관계 대명사절이 문장 중간으로 훅 들어갑니다. 강렬한 새치기랄까요.

4. My dream is to help homeless people. I want to achieve my dream.

내 꿈은 노숙자들을 돕는 것이다. 나는 내 꿈을 이루고 싶다.

→ **My dream** which(=that) **I want to achieve is to help homeless people.** (목적격)

내가 이루고 싶은 꿈은 노숙자들을 돕는 것이다.

앞 문장의 선행사가 주어 위치에 있기 때문에 관계 대명사절이 문장 중간으로 들어갔습니다. 목적격 관계 대명사가 선행사 뒤에 위치하면서 'I want to achieve'까지 끌고 들어갑니다. 이곳은 강렬한 문장 새치기가 일어나고 있는 현장입니다.

5. Doctors can cure diseases. Many people suffer from diseases.

의사들은 질병을 치료할 수 있다. 많은 사람들은 질병으로 고통 받는다.

→ **Doctors can cure diseases** which(=that) **many people suffer from.** (목적격)

의사들은 많은 사람들이 고통 받는 질병을 치료할 수 있다.

6. Jisu sowed flower seeds. My mom gave me flower seeds to plant.

지수는 꽃씨를 뿌렸다. 우리 엄마는 내게 심을 꽃씨를 주셨다.

→ **Jisu sowed flower seeds** which(=that) **my mom gave me to plant.** (목적격)

지수는 엄마가 내게 심으라고 주신 꽃씨를 뿌렸다.

7. I have a brother. My brother's hobby is to play soccer.

내게는 남동생이 있다. 내 남동생의 취미는 축구이다.

→ **I have a brother whose hobby is to play soccer.** (소유격)

내겐 취미가 축구인 남동생이 있다.

8. This is a magazine. The cover of the magazine attracts its subscribers.

이것은 잡지이다. 그 잡지의 표지는 독자들을 매료시킨다.

→ **This is a magazine the cover of which attracts its subscribers.** (소유격)

이것은 (잡지의) 표지로 독자들을 매료시키는 잡지이다.

of which가 소유격이기 때문에 소유격 which 앞에는 언제나 of가 있게 됩니다! 또는 아래 문장처럼 whose를 쓰게 돼요.

9. It is my dog. Its eyes are beautiful.

그건 내 강아지다. 그것의 눈은 아름답다.

→ **It is my dog whose eyes are beautiful.** (소유격)

눈이 아름다운 그 강아지는 내 강아지다.

Mrs. 콜라보 Time!

관계 대명사절을 포함한 문장을 해석하는 법

1. 관계 대명사절이 선행사인 명사를 꾸며 주는 의미가 되도록 해석하고, 2. 머리가 커진 명사를 전체 문장에 맞춰(명사가 주어면 주어!, 목적어면 목적어!) 해석해 주면 돼.

고기와 마찬가지로 문장도 살을 발라내면 뼈대는 단순한데, 관계 대명사절이 선행사(명사)를 수식함으로써 문장의 뼈대에 살이 붙게 되는 거란다.

해석할 때도 괜히 겁먹지 말고, 관계 대명사절이 꾸미는 선행사(명사)를 한 덩이로 묶으면서 문장을 해석해 주면 된단다.

자, 이제 드디어!

지난 고비 Washington D.C. 문단에서 아껴 두었던 ②번 문장을 다시 관계사 관점에서 살펴보도록 할게요.

"D.C." stands for the "District of Columbia" and it (=District of Columbia) is the federal district containing the city of Washington.

➜ "D.C." stands for the "District of Columbia" which is the federal district containing the city of Washington.

(District of Columbia: 선행사)

두 문장을 다르게 써 봤어요.

각 문장은 '접속사와 대명사' 두 단어를 쓴 문장과 '관계 대명사' 하나를 사용한 문장입니다.

그리고 동사 'is' 색깔을 달리 칠해 놓은 것 보이나요?

위의 빨강 is는 문장의 핵심 동사이고, 아래 파랑 is는 관계사절 속의 동사입니다.

접속사는 '동사들'을 연결할 수 있다고 이전 고비에서 배웠었죠?

첫 번째 문장처럼 등위 접속사 and로 연결되면 동사 stands와 is 두 개가 대등하기 때문에 한 문장 안에 핵심 동사가 2개인 것입니다.

하지만 which를 사용할 때는 뒤의 동사가 문장의 핵심 동사가 아닌 which 절(관계사절, 즉 종속절)의 동사가 되어 버립니다.

핵심 동사는 stands가 되죠.

which를 사용한 이유는 선행사가 사물, 대명사가 주격이기 때문입니다.

- **quiz 1**
  첫 번째 문장 속 핵심 동사는 몇 개?
  – 2개!
- **quiz 2**
  두 번째 문장 속 핵심 동사는 그럼 몇 개죠?
  – 1개입니다.

2) 관계 부사 = 관계사(접속사) + 부사

관계 부사는 관계 대명사와 이름이 비슷한데, 대명사 → 부사로 바뀌었지요?

관계는 다른 말로 연결, 접속을 의미한다고 했어요. 부사는 문자 그대로 문장을 꾸며 줌으로써 의미를 풍성하게 만드는 부사 역할을 한다는 거겠죠.

즉, 관계 부사는 접속사와 부사, 두 가지 역할을 하는 한 개의 단어입니다. 실용적으로 말이죠!

관계 부사의 역할은 접속사와 부사지만 합쳐진 모습은 '전치사+관계 대명사=관계 부사'입니다.

예문을 보도록 할게요.

We need a place. We can stay for a few days at that place.
우리는 장소가 필요하다. 우리는 그 장소에서 며칠 간 머물 수 있다.

→ **We need a place and we can stay for a few days at that place.**
우리는 장소가 필요하고 그 장소에서 며칠 간 머물 수 있다.

→ **We need a place which we can stay for a few days at.** (요녀석 전치사 at!)
선행사 관계 대명사

→ **We need a place at which we can stay for a few days.**
(전치사 at을 관계 대명사 앞으로 보내 버릴 수 있어요. 혼자 뒤에 남은 전치사 at은 관계사 앞으로 함께 이동할 수 있습니다.)

여기까지는 아까 했던 과정입니다! 여기서부터 정신을 바짝 차려야 해요.

→ **We need a place at which we can stay for a few days.**
선행사 전치사+관계 대명사=관계 부사

→ **We need a place where we can stay for a few days.**
선행사 관계 부사

우리는 며칠 간 머물 수 있는 장소가 필요하다.

관계 부사 'where'을 통해서 두 문장을 자연스럽게 연결했어요. 다음 문장도 함께 볼까요.

It was a crisis. She was totally unprepared for the crisis.
그것은 위기였다. 그녀는 그 위기에 대한 준비가 전혀 되어 있지 않았다.

→ **It was a crisis and she was totally unprepared for the crisis.**
그것은 위기였고 그녀는 그 위기에 대한 준비가 전혀 되어 있지 않았다.

→ **It was a crisis which she was totally unprepared for.** (요녀석 전치사 for!)
선행사 관계 대명사

→ **It was a crisis for which she was totally unprepared.**
(전치사 for를 관계 대명사 앞으로 보내 버릴 수 있어요.)

여기까지는 아까 했던 과정입니다! 여기서부터 눈을 크게 떠야 해요.

→ **It was a crisis for which she was totally unprepared.**
선행사 전치사+관계 대명사=관계 부사

→ **It was a crisis @#$(%&* she was totally unprepared.**
선행사 관계 부사(바꿀 수 있는 관계 부사가 없군요.)
그것은 그녀가 전혀 준비되어 있지 않았던 위기였다.

왜 마지막 과정에서 바꿀 수 있는 관계 부사가 없었던 것일까요?

문제는 바로…

선행사에 있습니다.

관계 부사는 지정된 선행사에 의해서만 사용됩니다.

앞서 배운 관계 대명사가 선행사에 따라 다르게 쓰였던 것처럼, 관계 부사도 선행사에 따라 달라집니다.

다음 표를 통해 살펴보도록 할게요.

선행사에 따른 관계 부사의 쓰임

선행사	관계 부사
시간 (the time)	when
장소 (the place)	where
이유 (the reason)	why
방법 (the way)	how

위 예문의 선행사 a crisis는 시간, 장소, 이유, 방법 그 어디에도 해당이 되지 않죠?

그렇기 때문에 관계 부사를 문장에서 사용할 수 없는 거예요.

관계 부사의 쓰임은 선행사에 따라 제한을 받게 됩니다. 결국 선행사가 시간, 장소, 이유, 방법을 나타내는 명사일 경우에만 관계 부사를 사용할 수 있다는 것! 잊지 말아요~.

다른 예문을 살펴볼까요.

I don't know **the reason.** My license was canceled for **that reason.**

나는 이유를 모른다. 내 자격증은 그 이유 때문에 취소되었다.

→ I don't know **the reason and** my license was canceled for **that reason.**

나는 이유를 모르며 내 자격증은 그 이유 때문에 취소되었다.

→ I don't know **the reason** which my license was canceled **for.** (전치사 for!)

(이유) 선행사

→ I don't know **the reason for which** my license was canceled.

(전치사 for를 관계 대명사 앞으로 보내 버릴 수 있어요.)

→ I don't know **the reason for which** my license was canceled.

(이유) 선행사 　 전치사+관계 대명사=관계 부사

→ I don't know the reason why my license was canceled.

(이유) 선행사 　 관계 부사

나는 내 자격증이 취소된 이유를 모른다.

위 문장은 'the reason'이라는 선행사가 왔기 때문에 관계 부사 'why'를 썼어요.

시간, 장소에 관한 선행사를 수식하는 관계 부사절 문장도 예문을 통해 살펴볼게요.

Tomorrow is Saturday. We will go swimming on **Saturday.**
내일은 토요일이다. 우리는 토요일에 수영하러 갈 것이다.

→ Tomorrow is **Saturday and** we will go swimming on **Saturday.**
내일은 토요일이며 우리는 토요일에 수영하러 갈 것이다.

→ Tomorrow is **Saturday** which we will go swimming on. (요녀석 전치사 on!)
(시간) 선행사

→ Tomorrow is **Saturday** on which we will go swimming.
(전치사 on을 관계 대명사 앞으로 보내 버릴 수 있어요.)

→ Tomorrow is **Saturday** on which we will go swimming.
(시간) 선행사 전치사+관계 대명사=관계 부사

→ Tomorrow is **Saturday** when we will go swimming.
(시간) 선행사 관계 부사

내일은 우리가 수영을 하러 가는 토요일이다.

This is **the room.** I met you in **this room.**

이곳은 방이다. 나는 너를 이 방에서 만났다.

➡ This is **the room** and I met you in **this room.**

이곳은 방이며 나는 너를 이 방에서 만났다.

➡ This is **the room which I met you** in. (요녀석 전치사 in!)

(장소) 선행사

➡ This is **the room in which** I met you.

(전치사 in을 관계 대명사 앞으로 보내 버릴 수 있어요~)

➡ This is **the room in which** I met you.

(장소) 선행사 전치사+관계 대명사=관계 부사

➡ This is **the room where** I met you.

(장소) 선행사 관계 부사

이곳은 내가 너를 만났던 방이다.

이것으로 관계사 고비 Part I을 함께 넘었네요!

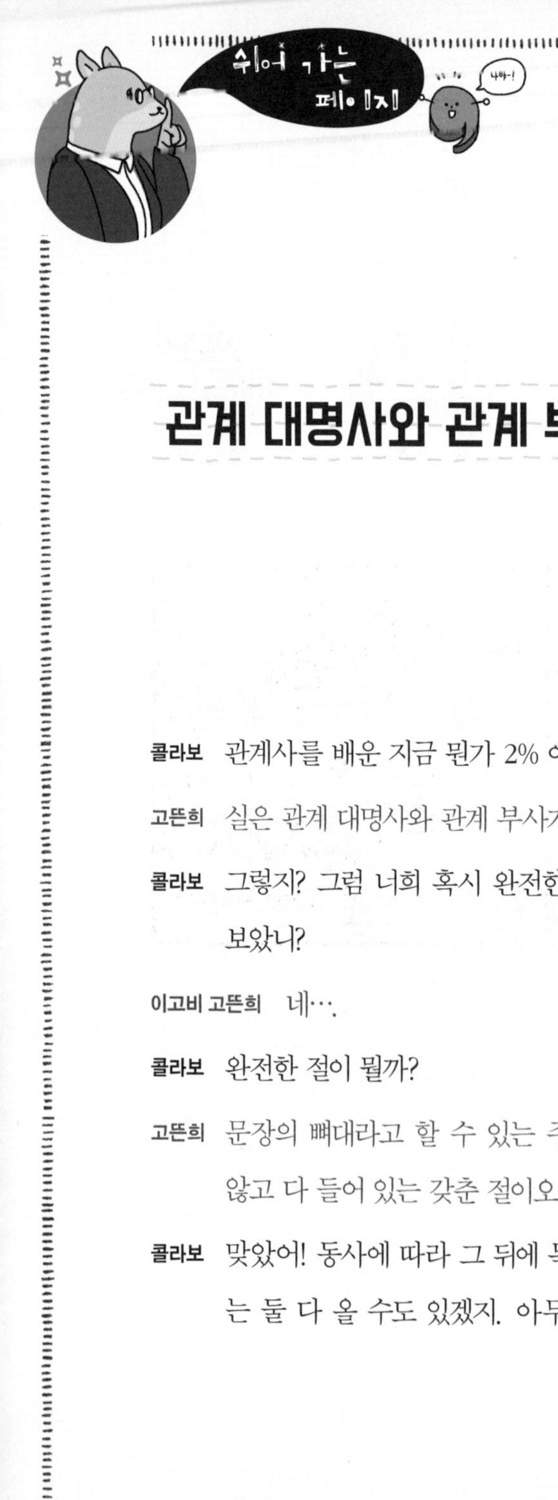

관계 대명사와 관계 부사 구별하기

콜라보 관계사를 배운 지금 뭔가 2% 아쉽지 않니?

고뜬희 실은 관계 대명사와 관계 부사가 살짝 헷갈려요.

콜라보 그렇지? 그럼 너희 혹시 완전한 절, 불완전한 절이라는 말 들어 보았니?

이고비 고뜬희 네….

콜라보 완전한 절이 뭘까?

고뜬희 문장의 뼈대라고 할 수 있는 주어, 동사, 목적어, 보어가 빠지지 않고 다 들어 있는 갖춘 절이오.

콜라보 맞았어! 동사에 따라 그 뒤에 목적어가 오거나 보어가 오거나 또는 둘 다 올 수도 있겠지. 아무튼 중요한 건 그 절 자체를 봤을 때 완전한 문장이어서 뭔가 부족한 게 없는 거라는 거지. 자, 불완전한 절에 대한 설명은 불안한 눈빛을 가진 고비가 해 볼까?

이고비 뜬희 말대로라면 불완전한 절은 완전한 절과 반대로 문장의 뼈대라고 표현한 네 가지 요소, 절 속에 꼭 있어야 할 것 중 무언가가 없는 거 아니에요?

고뜬희 오~올.

콜라보 맞았어. 이걸 왜 물어볼까 하고 궁금하지? 왜냐하면 관계 대명사와 관계 부사를 구분하는 데 있어서 가장 중요한 요소 중 하나가 그 뒤의 절의 구조가 완전한지 불완전한지 판단하는 것이기 때문에 그렇지. 한번 볼까.

· 관계 대명사 + 불완전한 절

대명사는 원래 문장의 주어나 목적어였을 거야. 즉 문장의 필수 요소라고. 그게 앞으로 빠져나온다면 남은 절은 굉장히 불안전한 모습을 하고 있겠지?

· 관계 부사 + 완전한 절

부사는 있으나 마나 한 애들이라고 했지. 부가적으로 설명해 주는 애들. 이전 고비에서 부사를 잡것이라고 얘기했잖아. 부사는 잡것이기 때문에 빠지거나 말거나 절의 구조에 아무 영향을 안 끼치지.

그러니 부사가 빠져도 남은 절은 완벽한 문장의 모습을 하고 있는 거야.

이 차이점을 어디다 사용하냐면, 아래와 같은 문장 속에서 알맞은 관계사를 찾아보라는 문제에 써먹는 거야.

관계사 뒤 절의 불완전함, 완전함을 따져 보고 문장에 알맞은 관계사를 괄호 안의 두 개 중에서 골라 보도록 할까.

- **This is the house [which / where] he built.**

  이것은 그가 지은 집이다.

  → which
  동사 built 다음에 목적어가 없다. 불완전한 절이다.

- **This is the house [which / where] I was born.**

  이 집은 내가 태어난 집이다.

  → where
  I was born은 완전한 절이다.

- **We live in a time [which / when] people are obsessed with their appearance.**

  우리는 사람들이 그들의 외모에 병적으로 집착하는 시대에 살고 있다.

→ when

people are obesessed with their appearance가 완전한 절이다.

• **There are several aspects [that / when] affect the functioning of the brain at work.**

작동 중인 뇌의 기능에 영향을 끼치는 여러 가지 측면이 있다.

→ that

affect the functioning of the brain at work 부분이 주어가 없는 불완전한 절이다.

This is gongbu time..!

#05 관계사 2
- 심화

깊이, 깊이, 더 깊이…

떡볶이 먹다 보니
self 마시고 싶군.
무슨 뜻이야?
물은
Self
입니다
물은 영어로 self!
저기 적혀 있잖아!
뭐?!
이고비...
설마설마 했지만
이 정도의 바보일
줄이야...!!
바보라니 말이 심하군!
listen listen
I can't listen!
그...그건 또 뭐야?

그것도 몰라?
듣자듣자 하니
못 들어 주겠다는 뜻이다.
씨익
어디서 자꾸
이상한 영어를
배워 와서...

 얘들아 안녕~. 너희들이 워낙 배운 걸 잘 흡수하니까 가르치는 재미가 있구나.

 Mrs. 콜라보! 관계사는 이게 전부인가요?? 아직도 뭔가 허전한데요….

 그렇다면 이제 더 깊은 관계사의 세계로 들어올래?

 이왕 시작했으니 관계사를 배울 거면 포함되는 것까지 전부 끝장을 봐야죠!

 아, 익숙하지 않은 고비의 이 적극성. 맞아, 고비는 변하는 거야! 관계사를 정복하기 위해 더 알아야 하는 내용들을 조금 더 정리해 보도록 하자. 끝장을 봐야 하는 고비를 위해 준비했어~! 자, 다음으로 가 보자.

  네!

01 관계 대명사 what

관계 대명사 what! 이전 고비에서 관계 대명사를 정리했었죠? 그때 what을 보았나요?

못 봤다고요?

관계 대명사로 분류하지만 표에는 들어갈 수 없는 what에 관한 슬픈 이야기… 한번 들어 볼래요?

· what = 선행사를 포함한 관계 대명사

what은 앞의 명사를 포함하고 있기 때문에 한 단어로 세 가지 역할을 합니다.

선행사와 접속사, 그리고 대명사의 역할까지 한꺼번에 할 수 있는 것이죠. 그야말로 일석삼조입니다!

그리고 해석은 '것'으로 합니다.

아래 예문을 통해 확인하게 될 거예요.

'what' 간단 정리!

역할 : 선행사 + 접속사 + 대명사

해석 : '것'

what = 선행사 + {관계 대명사(= 접속사 + 대명사)}

선행사를 포함하고 있기 때문에 what 절은 형용사절에 해당되지 않습니다. 꾸며 줄 명사까지 자신 안에 포함하고 있기 때문이죠.

"형용사절은 명사를 수식하는 절인 거 다들 기억하고 있지? 그렇기 때문에 what 절은 종속절 중 형용사절이 아닌, 명사절에 해당된단다."

"명사절은 주어, 목적어, 보어의 역할을 하는 절이었죠?"

what을 빼고 모든 관계 대명사가 형용사절을 이끄는 접속사이다 보니 헷갈릴 수 있어요. 하지만 형용사절인지, 명사절인지가 중요한 건 아닙니다. 어떤 상황에서 what을 쓰는지 확실히 아는 게 더 중요하죠.

Schubert just produced music. And music was in him, and he brought us a rich treasure of music.

→ Schubert just produced music which(And+music) was in him, and he brought us a rich treasure of music.

→ Schubert just produced what(music+which) was in him, and he brought us a rich treasure of music.

→ Schubert just produced (∅) what was in him, and he brought us a rich treasure of music. 이런? 선행사가 없네요!

what이 선행사를 포함한 관계 대명사라서 그래요.

맨 위의 문장은 관계 대명사를 포함한 아래의 문장들과 같이 바꿀 수 있어요. 맨 마지막 문장을 해석하려면 먼저 핵심 동사를 찾아야겠죠. 등위 접속사로 대등하게 연결된 2개의 문장이니 핵심 동사는 2개입니다. 앞의 문장은 주절과 종속절(what 절)로 되어 있으니 주절에 있는 produced가 핵심 동사입니다.

뒤의 문장에선 brought가 핵심 동사입니다. 핵심 동사를 중심으로 해석해 보면 "슈베르트는 자신 안에 있는 '것'을 끌어냈고, 풍성한 보물과 같은 음악을 우리에게 가져다주었다"입니다.

what은 '것'으로 해석되면서 핵심 동사 produced의 목적어 역할을 하고 있습니다. 즉 what이 이끄는 절은 문장 속에서 목적어 역할을 하고 있는 명사절입니다.

명사를 수식하는 형용사절(=관계사절)이 결코 아니라는 거죠. 헷갈리죠?

다른 문장으로 한 번 더 what을 익히는 연습을 할게요.

Faith is believing the thing. And we cannot prove it.

➡ **Faith is believing the thing which(And+it) we cannot prove.**

➡ **Faith is believing what(the thing+which) we cannot prove.**

➡ **Faith is believing (∅) what we cannot prove.** 이런? 선행사가 없네요! what이 선행사를 포함하고 있어서 그래요.

위 문장은 대명사가 목적격인 문장이네요.

주격(주어로 쓰이면 주격), 목적격(목적어로 쓰이면 목적격)인지 여부와는 상관없이 what은 그냥 what입니다.

핵심 동사 is를 중심으로 해석해 볼게요.

"믿음은 우리가 증명할 수 없는 '것'을 믿는 것이다."

여기서도 목적어처럼 해석되는 what 절은 형용사절이 아닌 명사절입니다.

그렇죠, 여러분?

눈에 보이는 것, 증명할 수 있는 것을 믿는 것은 믿음이라고 부를 수 없을 거예요. 눈에 안 보이고 아직 증명할 수 없는 그것을 믿는 것이 진짜 믿음 아닐까요? 여러분도 아직 눈에 보이지 않는 미래일지라도 최고로 아름다운 미래를 꿈꾸고 바라는 믿음을 가지길 응원합니다.

선행사+관계 대명사를 전부 what으로 바꿀 수 있는 것은 아닙니다.

'what'의 해석은 '것'으로 된다고 했죠?

만약 선행사가 사람일 경우는 어떻게 될까요?

I remember the people who(m) we met in Paris.

나는 파리에서 만난 사람들을 기억한다.

the people who(m)를 'what'으로 바꾸면 어색해지겠죠?

반면에 선행사가 사물일 경우는 '것'이라는 해석이 자연스럽네요.

Language is a tool which links us to people around the world.
언어는 우리를 전 세계 사람들과 연결시켜 주는 도구이다.

Language is what links us to people around the world.
언어는 우리를 전 세계 사람들과 연결시켜 주는 것이다.

선행사에 따라, 해석에 따라

'what'을 사용하거나 사용할 수 없다는 것도 알아 두세요!

what 절이 문장의 주어, 보어로 쓰인 예문도 살펴보겠습니다.

What I want to do in the future is to teach students English.
(The thing which)
내가 미래에 하고 싶은 것은 학생들에게 영어를 가르치는 것이다. ← 주어로 쓰임.

Reading novels is what I enjoy most.
(the thing which)
소설책을 읽는 것은 내가 가장 즐기는 것이다. ← 보어로 쓰임.

02 전치사 + 관계 대명사

'전치사+관계 대명사'가 관계 부사로 바뀔 수 있다는 것은 이전 고비의 관계 부사 부분에서 배웠죠. 선행사에 따라 바꿀 수 있느냐 없느냐가 결정되었었어요!

이미 배웠던 내용이지만 문장 속에서 전치사의 위치 이동에 주의하며 다시 한 번 관계 대명사랑 연결해서 정리해 볼게요.

선행사가 무엇이냐~
그것이 문제로다..

예문을 통해 살펴볼게요.(전치사 뒤의 대명사의 격은 항상 목적격이니 관계 대명사를 선택할 때 참고해요.)

This is the gym. I like to work out at the gym.
이곳은 체육관입니다. 나는 체육관에서 운동하는 것을 좋아합니다.

➡ This is **the gym and** I like to work out at **the gym.**

➡ This is **the gym which** I like to work out **at.**
선행사

➡ This is **the gym at which** I like to work out.
(전치사 at을 관계 대명사 앞으로 보낼 수 있어요~)
이곳은 내가 운동하기 좋아하는 체육관입니다.

➡ This is **the gym where** I like to work out.
(전치사 at과 관계 대명사가 합쳐져 장소를 나타내니 관계 부사 where로 바꿀 수 있어요.)

두 번째 예문으로 다시 연습해 볼게요.

I am working for the store. I bought a T-shirt in this store.
나는 상점에서 일을 하고 있습니다. 나는 티셔츠를 이 상점에서 샀습니다.

→ I am working for **the store and** I bought a T-shirt in **this store.**

→ I am working for **the store which** I bought a T-shirt in.
선행사

→ I am working for **the store in which** I bought a T-shirt.
(전치사 in을 관계 대명사 앞으로 보낼 수 있어요~)
나는 내가 티셔츠를 구매했던 상점에서 일을 하고 있습니다.

→ I am working for **the store where** I bought a T-shirt.
(전치사 in + 관계 대명사는 장소이니 관계 부사 where로 나타낼 수 있어요.)

"두 문장 속의 공통 분모로 쓰인 명사(뒤 문장의 명사)와 연결되어 있는 전치사는 관계 대명사 앞으로 위치 이동을 시킬 수 있음!"

"그렇다면 이동시키지 않으면 어떻게 될까요?"

"It is totally OK not to move it.(이동시키지 않아도 괜찮아.)"

"Mrs. 콜라보, 왜 갑자기 영어를 쓰시는 거죠?"

"나 영어 선생님이야."

"아, 네. 그, 그럼 오케이? 이동시켜도 안 시켜도 둘 다 오케이?"

"Yes, either way is ok.(응, 두 방법 전부 가능해.) 관계 대명사 앞으로 전치사를 이동시키는 것이 더 자연스러운 쓰임이기는 하지."

Mrs. 콜라보 Time!

관계 대명사 that 대신에 which를 쓰거나, which 대신에 that을 쓸 수 있는데, 주의해야 될 게 있어.
관계대명사 that 앞에는 전치사를 가져올 수가 없기 때문에 전치사가 앞으로 나올 수 있는 경우는 관계 대명사 which가 쓰일 때야. 알아 두도록!

This is the gym which I like to work out at. (O)
This is the gym at which I like to work out. (O)

This is the gym that I like to work out at. (O)
This is the gym at that I like to work out. (x)

03 관계 대명사 앞 콤마(,)

관계 대명사 앞에 콤마(,)가 찍혀 있는 문장들이 있어요.

콤마(,)는 문장의 해석과 관련이 있죠.

관계 대명사 앞에 콤마를 쓸 때와 안 쓸 때 해석하는 방법이 달라집니다.

콤마의 쓰임, 즉 해석하는 방법에 따라 관계 대명사의 계속적 용법, 한정적 용법으로 분류합니다.

1) 계속적 용법(콤마 사용 : 접속사+대명사로 해석)

I dropped the cup, which (and+it) knocked over the eggs, which (and+they) went all over the kitchen floor.

실제 해석을 접속사와 대명사를 다 살려서 해 줘요.

물 흐르듯이 앞에서 뒤로 연결하면 됩니다.

"나는 컵을 떨어뜨렸고, 그 컵은 달걀 위에 떨어졌고, 달걀들은 깨져서 부엌 바닥이 난장판이 되었다."

계속적 용법에서는 뒤의 절이 선행사를 보충 설명해 줍니다.

2) 한정적 용법(콤마 없음: 관계 대명사절이 선행사를 수식하도록 해석)

I like the song which you are singing now.

which가 이끄는 절이 선행사 the song을 수식해 줍니다.

즉 물 흐르듯이 자연스럽게 해석하는 것이 아니라, 뒤에서 앞으로 명사를 확실하게 수식해 주면서 해석하죠.

"네가 지금 부르고 있는 그 노래를 나는 좋아한다."

선행사를 한정하며 의미를 제한합니다.

Mrs. 콜라보 Time!

관계 대명사 that 앞에는 콤마(,)를 사용할 수 없기 때문에 콤마가 있는 경우엔 that 대신에 which를 사용해. 알아 두도록!

I do a lot of exercise, which keeps me fit. (o)
나는 운동을 많이 해서, 몸매를 유지한다.
I do a lot of exercise, that keeps me fit. (x)

생략이 가능한 관계사

1) 목적격 관계 대명사

목적격 관계 대명사는 문장에서 생략이 가능합니다.

The man (whom) I marry will have a good sense of humor.
생략 가능

나는 유머감각을 가진 사람과 결혼할 것이다.
(내가 결혼할 사람은 유머 감각이 있을 것이다.)

2) 주격 관계 대명사 + be 동사

주격 관계 대명사는 뒤에 be 동사와 함께 쓰일 때, 둘이 함께 생략 가능합니다.

둘 중 하나만 생략할 수는 없어요.

I am watching the man (who is) wearing a funny cap.
생략 가능

나는 웃긴 모자를 쓴 사람을 보고 있다.

3) 관계 부사의 생략

관계 부사를 사용할 때 선행사나 관계 부사 중 하나를 생략하여 쓸 수도 있어요.

아래 예문들을 통해 확인해 볼까요.

I don't know the reason why my license was canceled. (o)

I don't know the reason my license was canceled. (o)

I don't know why my license was canceled. (o)

나는 내 자격증이 취소된 이유를 모르겠다. (= 나는 왜 나의 자격증이 취소되었는지 모르겠다.)

Tomorrow is Saturday when we will go swimming. (o)

Tomorrow is Saturday we will go swimming. (o)

Tomorrow is when we will go swimming. (o)

내일은 우리가 수영을 가는 토요일이다. (= 내일은 우리가 수영을 가는 날(토요일)이다.)

세 번째 문장처럼 선행사를 생략할 경우, 문장의 의미는 동일하지만 구체적인 정보인 요일이 문장 속에 숨겨지게 됩니다.

This is the room where I met you. (o)

This is the room I met you. (o)

This is where I met you. (o)

이곳은 내가 너를 만난 방이다. (= 이곳은 내가 너를 만난 곳(방)이다.)

세 번째 문장처럼 선행사를 생략할 경우, 문장의 의미는 동일하지만 구체적인 정보인 장소가 문장 속에 숨겨지게 됩니다.

그런데 조심해야 할 것이 있어요.

Internet is changing **the way**. People shop in **this way.**
인터넷은 방법을 바꾸고 있다. 사람들은 이러한 방법으로 쇼핑을 한다.

➡ Internet is changing **the way and** people shop in **this way.**
인터넷은 방법을 바꾸고 있으며 사람들은 이러한 방법으로 쇼핑을 한다.

➡ Internet is changing **the way** which people shop **in.** (요녀석 전치사 in!)
선행사

➡ Internet is changing **the way** in which people shop.
(요녀석 in을 관계 대명사 앞으로 보내 버릴 수 있어요.)

➡ Internet is changing **the way** in which people shop.
(방법) 선행사 전치사+관계 대명사=관계 부사
인터넷은 사람들이 쇼핑하는 방법을 바꾸고 있다.

➡ Internet is changing the way how people shop. (x)

선행사가 방법의 의미인 the way이고 그에 맞는 관계 부사인 how를 사용했는데 왜 문장이 틀린 걸까요?

예외적으로 the way와 how는 함께 쓸 수 없어요.

둘 중 하나만 써야 합니다.

위에서 봤던 the reason why가 가능했던 것과는 다르죠?

관계 부사 중 유일하게 선행사와 함께 쓸 수 없는 관계 부사가 바로 'how'랍니다.

아래와 같이 정리할 수 있어요.

Internet is changing the way how people shop. (x)

Internet is changing the way people shop. (o)

Internet is changing how people shop. (o)

Mrs. 콜라보! 조금 더 정리하면서 관계 대명사를 끝내자고 시작한 건데 이것도 분량이 만만치 않네요.

그렇지? 근데 이게 진짜 끝이야.

아오, 지금 방금 뭔가 번개같이 지나갔는데! what이랑, 전치사+관계 대명사 구문이랑 그리고 세 번째가 뭐였죠?

관계 대명사의 계속적, 한정적 용법이 있었어.

맞다, 쉼표에 따라 달라졌었지! 그리고 마지막으로는 생략 가능한 관계사 정리!

좋았어~. 그 네 가지를 지금 정리해 본 거야. 수고했어. 탑 잘 쌓았는지 다시 읽으면서 확인해 보라고!

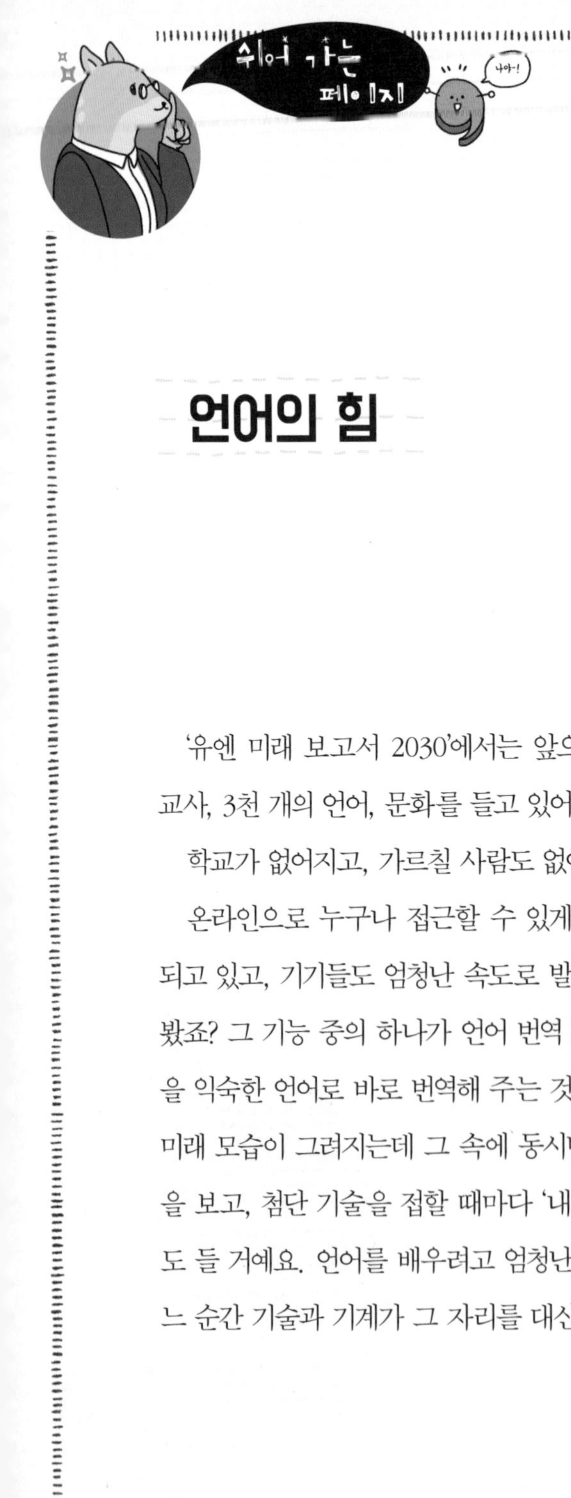

언어의 힘

‘유엔 미래 보고서 2030’에서는 앞으로 사라질 것으로 공교육, 교실, 교사, 3천 개의 언어, 문화를 들고 있어요.

학교가 없어지고, 가르칠 사람도 없어진다는 거죠.

온라인으로 누구나 접근할 수 있게 최고 수준의 강의들이 이미 제공되고 있고, 기기들도 엄청난 속도로 발전하고 있어요. 구글 글래스 들어 봤죠? 그 기능 중의 하나가 언어 번역 기능이라고 합니다. 보고 듣는 것을 익숙한 언어로 바로 번역해 주는 것이죠. 영화 〈설국열차〉 속에서도 미래 모습이 그려지는데 그 속에 동시번역기가 등장합니다. 그런 기기들을 보고, 첨단 기술을 접할 때마다 ‘내가 왜 언어를 공부하나’ 하는 회의도 들 거예요. 언어를 배우려고 엄청난 시간과 에너지를 투자하는 데 어느 순간 기술과 기계가 그 자리를 대신하고 있는 거예요.

이런 생각해 본 친구 없나요?

'왜 굳이 이렇게 영어를 공부해야 하나.'

언어가 단순히 의사소통 기능만을 수행한다고 하면 기계가 대신해 주는 것으로 충분할 것입니다. 그러나 '말'과 '언어'에는 힘이 있답니다. 언어란 '나를 표현하는 도구'이며 무언가를 '창조하는 힘'인 거예요. 기계에게 언어의 자리를 내준다는 것은 인간의 큰 힘과 능력을 내어준다는 것이 아닐까요?

여러분의 말에는 힘이 있어요! 그 힘을 실어 줄 '언어'를 학습하고 습득하는 것은 언제나 삶의 일부가 될 것이고, 우리 능력의 일부가 될 거예요. 언어를 익히는 것은 우리의 힘을 키우는 일입니다.

여러분이 열심히 배우는 이 언어가 여러분의 힘이 되고, 능력이 되기를 응원합니다.

Somewhere in your life,
you will meet hardships which you have to overcome.

You will always find the way to the answer
where there is love and support.

As long as you stay in this safe place,
there will be nothing that you should be afraid of.

살다 보면,
극복해야 할 어려움을 만나게 됩니다.
(관계 대명사 which 주의)

사랑과 격려가 있는 곳에서는
언제나 답으로 가는 길을 발견할 수 있는 거예요.
(관계 부사 where 주목)

이 (사랑과 격려가 있는) 안전한 곳에 머무는 한,
당신이 두려워해야 할 것은 아무것도 없을 거예요.
(핵심 동사는 will be, 관계대명사 that 유의!)